飞行技术专业系列教材

飞行操纵理论与技术

Flight Manipulation: Theory and Technology

陈丽　王晓亮◆编著

U0241395

北京·旅游教育出版社

图书在版编目（CIP）数据

飞行操纵理论与技术 / 陈丽，王晓亮编著. -- 北京：旅游教育出版社，2022.9

飞行技术专业系列教材

ISBN 978-7-5637-4477-0

Ⅰ．①飞… Ⅱ．①陈… ②王… Ⅲ．①飞行控制－教材 Ⅳ．①V24

中国版本图书馆CIP数据核字(2022)第177763号

飞行技术专业系列教材

飞行操纵理论与技术

陈丽　王晓亮　编著

策　　划	李红丽
责任编辑	李红丽
出版单位	旅游教育出版社
地　　址	北京市朝阳区定福庄南里 1 号
邮　　编	100024
发行电话	（010）65778403　65728372　65767462（传真）
本社网址	www.tepcb.com
E - mail	tepfx@163.com
排版单位	北京旅教文化传播有限公司
印刷单位	北京柏力行彩印有限公司
经销单位	新华书店
开　　本	710 毫米 × 1000 毫米　1/16
印　　张	14.25
字　　数	183 千字
版　　次	2022 年 9 月第 1 版
印　　次	2022 年 9 月第 1 次印刷
定　　价	45.00 元

（图书如有装订差错请与发行部联系）

飞行技术专业是一个综合性、跨学科的高技术应用型专业，其主要任务是为航空运输业培养飞行员。目前我国民航飞行员的来源主要有两种渠道：一是高考直接录用的飞行技术专业本科学生；二是社会招聘的非飞行技术专业的本科毕业生、需再进入航校学习的学员。通常飞行学员的培养分为四个阶段：理论学习阶段、航校飞行训练阶段、换照考试阶段及岗前培训阶段。每个阶段学习的重点不同，适用的教材也会随之变化。《飞行操纵理论与技术》一书即为满足飞行学员在理论学习阶段的需求而编写，可为实际航校飞行训练提供前期理论指导。

本书分为五大部分11个章节。五大部分分别为：飞行基本知识、飞行性能、飞机的稳定性和操纵性、飞行操纵技术、自动飞行系统和案例分析。本书在基本空气动力学和飞行力学基础上，分析了飞机的飞行性能、稳定性和操纵性，进而阐述了飞行操纵理论与技术相关的各方面知识。

本书内容特色如下：（1）讲述了与飞机飞行操纵相关的普遍规律，并给出理论分析过程，全书知识点连贯一致，由浅入深，呈递进关系，有助于学生的理解和运用；（2）同步对比分析了大型喷气式飞机和小型螺旋桨飞机的动力特性、飞行性能，以及操纵特点，使概念分类清晰，结论所属明确；（3）归纳了自动飞行操纵系统和相关案例分析章节，提升学生对人工操纵与自动驾驶之间的权限意识，提高学生理论分析和应对实际问题的能力；（4）本书对于不同飞机类型、不同飞行条件、不同飞行阶段给予细化，将概念理解贯穿于整个飞行性能、稳定性和操纵性的理论分析过程中，并在飞行操纵技术阶段得以验证。

本书充分利用以认知为目的的图例表达和以理解为目的的受力平衡分析，对飞行操纵理论的各个知识点原理进行阐述，力求所述概念简洁、条件充分、推理清晰、结论明确；并结合当前飞行技术相关热点探讨和典型事例剖析，加深学生对知识点在实际飞行中的理解和应用。需要说明的是：本书所述飞行事例和数据仅用于说明所涉及的技术问题，不作为事实论据。

本书在完稿过程中得到诸多同事朋友的帮助：国家一级飞行员徐宝纲教授、民航资深机长陈建国先生、西北工业大学自动化学院李广文副教授对书稿进行仔细评阅，并提出宝贵意见；笔者的多位同事也给予了大力支持和积极指导，在此一并表示衷心的感谢。

本书受国家自然基金项目（基金号：52175103、61733017）和上海工程技术大学教材建设项目（项目编号：X202108001）的资助。

由于编者水平所限，书中难免有差误之处，敬请读者批评指正。

编　者

目　录

第二部分 飞行性能

第三部分　飞机的稳定性和操纵性

第四部分　飞行操纵技术

第五部分　自动飞行系统和案例分析

基本符号和表达式 [①]

V_g，V_w	地速、风速
$\mathbf{V_a} = \mathbf{V_g} - \mathbf{V_w}$	真空速
$V = V_g = V_a$	无风时飞机速度
V_i	指示空速
V_s	失速速度
a	声速
$Ma = V_a / a$	飞行马赫数
ρ	大气密度
$Q = \dfrac{1}{2}\rho V_a^2$	不考虑空气压缩性的动压
α，β	迎角、侧滑角
γ，χ，μ	航迹爬升角、航迹方位角、航迹滚转角
ϕ，θ，ψ	滚转角、俯仰角、偏航角
u，v，w	沿机体坐标系三轴的线速度分量
p，q，r	绕机体坐标系三轴的角速度分量
δ_o，δ_a，δ_e，δ_r	油门大小，副翼、升降舵和方向舵的舵偏角度
L，D	升力、阻力
T，P	发动机的推力（拉力）和功率
G，m	重量、质量
C_L，C_D	升力系数、阻力系数
K	升阻比
R/C，R/D	爬升率、下降率

---

① 书中表示同一物理量的字母，若为正黑体表示其为向量，若为斜体表示其为该向量的大小。

C_X, C_Y, C_Z	沿机体坐标系三轴的气动力系数
S	机翼的参考面积
$X_a = QSC_X$, $Y_a = QSC_Y$, $Z_a = QSC_Z$	沿机体坐标系三轴的气动力分量
C_l, C_m, C_n	绕机体坐标系三轴的气动力矩系数
c_A, b	机翼的平均空气动力弦长、展长
$L_a = QSbC_l$, $M_a = QSc_AC_m$, $N_a = QSbC_n$	绕机体坐标系三轴的气动力矩分量
$C_{L_{t_{\delta_e}}}$, $C_{m_{\delta_e}}$	升降舵的舵效、操纵效能
$C_{L_{f_{\delta_r}}}$, $C_{n_{\delta_r}}$	方向舵的舵效、操纵效能
i	平尾安装角
ε, σ	下洗角、侧洗角
α_{wb}	翼身组合体的迎角
V_t, V_f	平尾体积比、垂尾体积比
h_n, $h_{n_{wb}}$	全机焦点位置、翼身组合体的焦点位置

下角标含义

A	可用
R	所需
t	平尾
f	垂尾
cg, ac	重心、气动中心
w, b, wb	机翼、机身、翼身组合体
$\min$, $\max$	最小、最大
LO, TD	起飞、接地
av	平均值

主要单位换算

1ft = 0.3048m（1 英尺 =0.3048 米）

1nm = 1.852km（1 海里 =1.852 千米）

1kn = 0.514m/s（1 节 =0.514 米每秒）

1lb = 4.448N（1 磅 =4.448 牛顿）

第一部分

飞行基本知识

导读

按尺寸和载重的不同，飞机分为大、中和小型飞机，但从理论上讲，大飞机不是小飞机的简单放大，中型飞机不是大、小飞机的简单折中。

在气动布局方面，小飞机的平尾在空中通常是不可调的，而大飞机需要空中可调平尾来平衡飞机；小飞机的机翼只需要四个活动控制面（两个内侧襟翼、两个外侧副翼），而大飞机的机翼需要较多的活动控制面。大飞机的设计涉及这些控制面所需要的结构、操纵、颤震缓解等复杂技术，因此大、小飞机配备的导航设施和自动驾驶仪的复杂程度也不同。小型飞机多为单发或双发螺旋桨驱动，而大飞机一般适合采用高涵道比涡轮风扇发动机。由于推力设计的区别，小飞机巡航高度低，起飞、着陆距离短，对机场要求低；大型飞机设计的巡航高度高，起飞、着陆距离长，对机场要求高。

大、小型飞机在操纵响应上有明显区别，一般来说大飞机重量大，惯性大，对操纵的响应慢，抗干扰能力强，运动平稳；小飞机重量轻，惯性小，对操纵的响应快，抗干扰能力弱，运动灵活。所以书中会在某些操纵技术上强调小飞机与大飞机的不同。

第 1 章　绪论

本部分基于飞机的飞行范围，介绍了地球表面的大气环境特点及飞机的布局，阐述了飞机升力和阻力的产生原理，分析了不同发动机的动力特性，描述了飞机的运动状态，进而为飞机的操纵理论分析提供基础。

1.1　飞行的环境

包围整个地球的空气总称为大气，大气离地球表面越远就越稀薄。在大气层内，大气温度、压强和密度等随高度发生变化，按其变化特征可分为：对流层、平流层、中间层、电离层和散逸层。

对流层的平均高度在地球中纬度区约为 11 千米，在赤道约为 17 千米，在两极约为 8 千米。由于地球对大气的引力，在对流层内几乎包含了大气质量的四分之三，因此该层的大气密度较大，大气压力较高。并且大气中含有大量水汽，所以云、雨、雾、雪等气象变化主要产生在对流层中。另外，由于地形和地面温度的影响，对流层内不仅有空气的水平流动，也有垂直运动，因此称为对流层。

平流层的高度范围为 11~32 千米，平流层内大约集中了大气质量的四分之一，所以绝大部分大气都集中在对流层和平流层这两层大气内，而且目前大部分的大气航空器也只在这两层内活动。从 11~20 千米，大气温度基本不变（又叫等温层）；从 20~32 千米，温度随高度而上升，这是因为平流层中的臭氧大量吸收太阳紫外线而使气温升高。平流层上部热下部冷，大气稳定，不易形成对流，大气只有水平方向的运动，这种水平流动主要是由于地球自转造成的，水汽含量极少，没有雷雨等天气变化，能见度高。

没有座舱增压装置的航空器限制飞行高度为 4.5 千米；有座舱增压装置的螺旋桨飞机一般在 6 千米高度飞行，在该高度具有较高的螺旋桨效率；大型喷气客机因为装有增压装置，而且考虑高空中气流运动、飞行阻力等情况，通常在 7~13 千米的对流层顶部和平流层底部飞行。

1.1.1　国际标准大气

大气气象条件随时间和地点的变化而改变。无论飞行器设计，还是飞行实验，都要考虑到大气条件的改变对飞行性能的影响。为了便于比较不同地点的大气特征，工程上定义了国际通用的标准大气（International standard atmosphere，ISA），该标准大气取自 1976 年美国标准大气，是按中纬地区的平均气象条件统计出。

在标准大气海平面上，大气温度 $T_0 = 288.15\text{K}$、大气压强 $P_0 = 101325\text{Pa}$、大气密度 $\rho_0 = 1.225\text{kg/m}^3$，海拔 20 千米以下标准大气参数可用如下公式近似得出：

$$\begin{cases} P_0 = 101\,325\,\text{Pa};\ T_0 = 288.15\text{K};\ \rho_0 = 1.225\text{kg/m}^3 & H = 0\text{m} \\ P = P_0\left(1 - \dfrac{H}{44\,300}\right)^{5.255};\ T = T_0 - 0.0065H;\ \rho = \rho_0\left(1 - \dfrac{H}{44\,300}\right)^{4.255} & H < 11\,000\text{m} \\ P_{11\,000} = 22\,632\,\text{Pa};\ T_{11\,000} = 216.65\,\text{K};\ \rho_{11\,000} = 0.3639\text{kg/m}^3 & H = 11\,000\text{m} \\ P = P_{11\,000}\text{e}^{-\frac{H-11\,000}{6350}};\ T = T_{11\,000};\ \rho = \rho_{11\,000}\text{e}^{-\frac{H-11\,000}{6350}} & 11\,000\text{m} < H < 20\,000\text{m} \end{cases} \quad (1\text{-}1)$$

这里 P 为大气压强，单位为 Pa，T 为大气温度，单位为 K，ρ 为大气密度，单位为 kg/m³。

飞机在大气中飞行时对周围空气造成扰动，扰动以声波方式向外传播。声波是一种微弱机械波，其传播过程被认为是绝热的，有如下传播速度表达式：

$$a = \sqrt{\gamma P / \rho} = \sqrt{\gamma RT} = 20.05\sqrt{T} \quad (1\text{-}2)$$

其中 a 为声音传播的速度，又称为声速（Acoustic speed），单位为 m/s，$R = 287\text{m}^2/\text{s}^2/\text{K}$ 为空气的气体常数，$\gamma = 1.4$ 为空气的比热容，可见空气中声速的大小只取决于空气的温度。

在 0~20 千米内标准大气参数和声速随高度变化规律如图 1-1 所示：在低空，大气温度随高度的增加而递减，声速随大气温度的变化而变化；在 11~20

千米之间，大气温度保持不变，声速也不变。大气密度和大气压强都是随高度的增加而递减的。

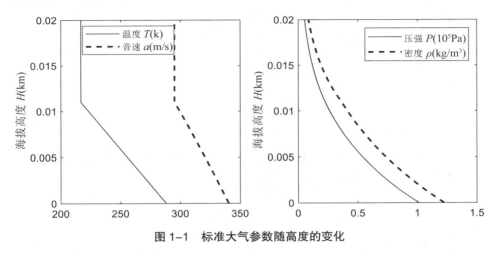

图 1-1 标准大气参数随高度的变化

1.1.2 大气的物理性质

1. 黏性

黏性是空气自身相互黏滞或牵扯的特性。黏性主要是由于气体分子作不规则运动而产生的结果。黏性和温度有关：温度高，空气分子的不规则运动加剧，空气的黏性大；反之则小（与液体相反）。

2. 压缩性

压缩性是在压力（压强）作用或温度改变情况下，空气改变自己的密度和体积的一种特性。温度高，空气分子运动速度大，外界压力变化相同的条件下，气体体积变化小，密度变化也小，空气不容易被压缩。

根据公式（1-2），空气中声速的大小只取决于空气的温度，因此声速可以表征空气是否容易被压缩的特性：温度越低，声速就越小，空气越容易被压缩。

飞机在空气中运动时，会对其前端空气产生压力，引起空气的压缩：飞机速度越大，对空气的压力也越大，空气的可压缩性越强；飞机速度越小，对空气的压力也越小，空气的可压缩性越弱。

用飞机飞行速度与所处高度的声速之比来衡量空气被压缩的程度，这个比值被称为"飞行马赫数"，简称"马赫数"（Mach number，Ma）：$Ma = V_a/a$；式中 V_a 表示在一定高度上飞机相对周围空气的速度，叫作"真空速"（True airspeed，TAS）。根据马赫数大小，可把飞机分为四类：

（1）亚声速飞机：$Ma \leqslant 0.75$；

（2）跨声速飞机：$0.75 < Ma \leqslant 1.2$；

（3）超声速飞机：$1.2 < Ma \leqslant 5.0$；

（4）高超声速飞机：$Ma > 5.0$。

以上给出的分类是概念意义上的，实际上不同分类的马赫数范围是由飞机具体构型和应用决定的。在低马赫数（$Ma \leqslant 0.3$）时，我们通常认为空气的压缩性可以忽略；当 $Ma > 0.3$ 时，则空气的压缩性不可以忽略；随着马赫数的增加，飞机对前端空气的压缩会产生激波阻力；当马赫数进一步增加，气动加热问题就开始突显。因此飞机的空气动力学特性是随马赫数的改变而变化的。

1.1.3　风场

风是一种自然现象，是由地面上两点之间的气压不平衡造成空气流动形成。按风速剖面分解，将风场分为平均风（Steady wind）、风切变（Wind shear）、突风（Gust）和大气紊流（Turbulence）等四种表现形式，如图1-2和图1-3所示。

平均风（定常风）是指某区域空间内、某段时间内观测风速矢量的平均值，包括风的大小和方向随时间和空间的改变。如果平均风较长时间作用于飞机上，会改变飞机的运动轨迹。

风切变是指定常风在单位时间间隔或距离间隔上的变化量，表现为风速矢量在垂直或水平方向移动单位距离的改变量，分别称为风的垂直切变和水平切变。风切变作用在飞机上的时间短，导致飞机的升力变化，是影响飞机终端飞行安全的重要因素。

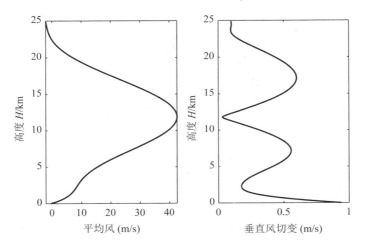

图 1-2　某地平均风和垂直风切变随高度的分布

突风（阵风）是在短时间或高度间隔内，相对于平均风的离散的、确定性的变化量。突风的数值与平均风速大小无关，突风在飞机上作用的时间反映在风层的厚度上。突风会影响飞行的瞬时轨迹，并引起飞机的载荷系数和姿态的变化。

大气紊流为叠加在平均风上的一组无规则的、连续的且随机的空气运动。大气紊流主要影响飞机的姿态稳定。

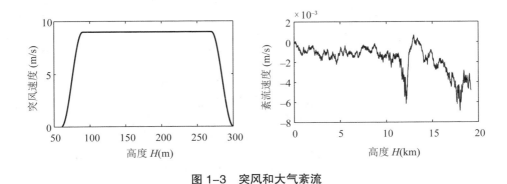

图 1-3　突风和大气紊流

一般而言，风随高度变化而变化：近地风（1000 米以下）因受地面摩擦力的影响属于不稳定风场；随着高度增加，风速趋向于稳定，但会出现风切变。

1.2　飞机的气动和起落架布局

飞机主要由以下五部分构成：机翼、机身、尾翼、动力装置和起落架装置等。机翼是产生升力的主要部件；尾翼包括固定部分和运动部分，有稳定和操纵飞机的作用；机身负责装载和连接其他部件；动力装置包括发动机及其附件系统，为飞机提供推力；起落架具有起降滑跑和地面支撑的作用。

1.2.1　操纵面

飞机的气动力主要来源于以下四类：机翼、安定面、主操纵舵面和辅助操纵面，安定面和主操纵舵面组成尾翼，辅助操纵舵面通常布局于机翼的前、后缘位置或者操纵舵面的后端。图 1-4 给出各类气动部件在飞机上的大致位置布局。

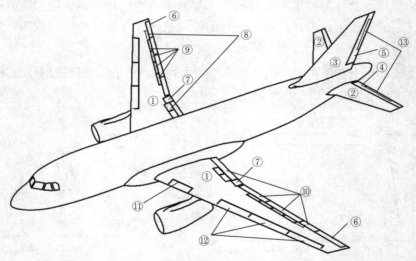

①机翼　②水平安定面　③垂直安定面　④升降舵　⑤方向舵　⑥外侧副翼　⑦内侧副翼
⑧地面扰流板　⑨飞行扰流板　⑩后缘襟翼　⑪前缘襟翼　⑫前缘缝翼　⑬配平片

（注：并不一定所有的翼面和舵面都在同一架飞机上出现）

图 1-4　飞机上的主要操纵面布局示意图

1. 机翼（Wing）

机翼产生升力，是克服重力的主要部件。机翼的前端叫作前缘（Leading

edge），机翼的后端叫后缘（Trailing edge）。

2. 安定面（Stabilizer）

是指飞机尾翼上不频繁运动的翼面部分，具有稳定平衡作用。安定面包括水平安定面和垂直安定面，分别用于增强飞机的俯仰稳定性和偏航稳定性，大型飞机可以通过操纵水平安定面实现配平。

3. 主操纵舵面

位于机翼和尾翼的后缘，由驾驶杆和脚蹬操纵，主要构成部分包括：升降舵（Elevator），用来控制飞机的俯仰（Pitch）；方向舵（Rudder），用来控制飞机的偏航（Yaw）；外侧副翼（Outer aileron）和内侧副翼（Inner aileron），用来控制飞机的滚转（Roll）。

外侧副翼位于机翼的两端后侧，因受机翼强度影响，不适于产生较大的气动力，但气动力力臂长，适于低速飞行时使用；内侧副翼为机翼后方靠近机身的左右两侧，由于机翼翼根强度高，安装稳定性好，但气动力力臂短，适于高速飞行时使用。

4. 辅助操纵面

包括地面扰流板（Ground spoilers）、飞行扰流板（Flight spoilers）、后缘襟翼（Trailing edge flaps）、前缘襟翼（Leading edge flaps）、前缘缝翼（Leading edge slats）和配平片（Trim tabs）。

扰流板安装在机翼的上表面，分为地面扰流板和飞行扰流板。通常位于机翼近机身左右两侧和远机身左右两侧的为地面扰流板，位于机翼左右两侧中间位置的为飞行扰流板。地面扰流板只能在地面使用，用于卸除升力、增大空气阻力。一方面，飞行扰流板可以在地面和空中使用，起到减速作用；另一方面，飞机需要在空中大坡度转弯时，一侧机翼的飞行扰流板会被副翼操纵杆的某个挡位触发而自动升起，辅助副翼的滚转操纵。

襟翼是在机翼前缘或后缘安装的翼面，用于增加机翼的面积和弯度，从而提高机翼的升力系数，或改变飞机的阻力特性。缝翼是与机翼主体产生缝隙的结构，可使机翼下表面部分空气转为流经上表面，从而推迟气流分离的出现，提高机翼的临界迎角（Critical angle）。一般飞机起飞时，襟翼操纵杆在起飞襟翼位置（使用前缘和后缘襟翼），增大起飞升力。着陆时，襟翼操纵杆在着陆襟翼位置（使用缝翼和襟翼），提高机翼的临界迎角，进而提高升力，并增加飞机阻力，缩短地面滑跑距离。

配平片处在升降舵、副翼和方向舵的后缘，与舵面的运动方向相反。配平片用于配平舵面的铰链力矩，进而达到消除杆力、从而减轻飞行员疲劳的目的。

1.2.2 机翼

1. 平面形状

机翼是为飞机提供升力的主要部件，同时也是产生飞行阻力的主要部件。当飞行速度接近声速和超声速时，机翼会受到激波阻力，激波阻力与机翼的平面形状有关：直机翼的激波阻力最大，其后依次为后掠翼、三角翼和小展弦比直机翼。因此大展弦比的平直机翼适合在低亚声速范围内飞行，而后掠翼可以在高亚声速、跨声速范围飞行，超声速飞行多半采用大后掠翼和三角翼。

最早的飞机都采用平直翼，随着飞行速度的不断提高，陆续出现后掠翼、三角翼和小展弦比平直翼，进而还有前掠翼、圆翼、环翼、双三角翼等各种形状，图 1-5 给出常见的机翼平面形状。

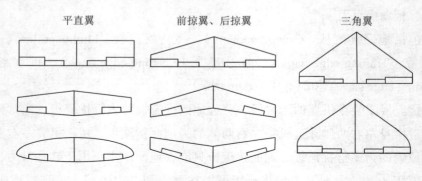

图 1-5　常见的机翼平面形状

2. 几何特征

机翼平面多为不规则的形状，通常采用如下几何参数描述，如图 1-6 所示：

（1）翼展（Span）b：机翼左右翼尖之间的距离。

（2）翼弦（Chord）c：机翼前缘和后缘之间的连线叫翼弦。

（3）后掠角（Sweepback angle）Λ：机翼翼根到翼尖的连线与机身纵轴垂线之间的夹角。机翼的后掠角沿翼弦方向是变化的，通常取为四分之一弦线与机身纵轴垂线的夹角 $\Lambda_{1/4}$。

（4）前缘后掠角 Λ_0：机翼前缘与机身纵轴线的垂线之间的夹角。

（5）后缘后掠角 Λ_1：机翼后缘与机身纵轴线的垂线之间的夹角。

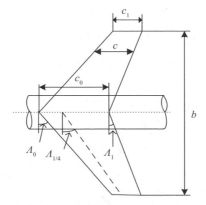

图 1-6　机翼平面形状和参数

（6）前掠角（Sweepforward angle）：如果飞机机翼向前掠，则后掠角就为负值，变成前掠角。

（7）机翼参考面积 S：机翼在水平面投影的几何面积大小。

（8）展弦比（Aspect ratio）A：机翼的展长和几何平均弦长的比值。

（9）梯形比 λ：机翼的翼梢弦长 c_1 和翼根弦长 c_0 之比。

3. 翼型

飞机升力主要来源于机翼，而机翼产生升力的关键在于机翼剖面的形状，也称为翼型（通常为垂直机翼前缘的机翼剖面）。一般亚声速翼型的前端圆钝，后端尖锐，上面凸起较多而下面较平坦，上下不对称，如图 1-7 所示。

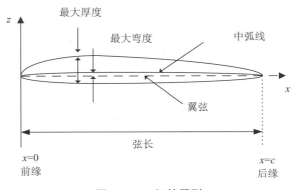

图 1-7　飞机的翼型

影响翼型性能的最主要的参数是翼型的厚度（Thickness）和弯度（Camber），从翼型弧线向翼弦做垂线，每一垂线长度即为该处的翼型厚度。最长的垂线段就是最大厚度，各个垂线段中点用曲线联结起来就叫作中弧线。相应的翼型的上表面曲线叫作上弧线，翼型的下表面曲线叫作下弧线。中弧线离翼弦最远的距离叫作最大弯度，翼型的弯度是一个重要的设计参数，决定飞机机翼的气动特性。

通常飞机的设计要求是机翼和尾翼尽可能提高升力、减小阻力、并有小的正的零升俯仰力矩（见6.3节）。因此，对于不同的飞行速度，机翼的翼型是不同的，如图1-8所示。对于低亚声速飞机，为了提高升力系数，翼型形状为圆头、尖尾形；对于超声速飞机，为了减小激波阻力，采用尖头、尖尾形翼型；对于高亚声速飞机，为了提高阻力发散 Ma 数，采用超临界翼型，其特点是前缘丰满、上翼面平坦、后缘向下凹。

低亚声速翼型　　　　　超声速翼型　　　　　超临界翼型

图1-8　翼型与飞行速度

1.2.3　气动布局

1. 机翼的布局

机翼位于机身顶部时称为"上单翼"（High-wing）；机翼位于机身中部的称为"中单翼"（Mid-wing）；机翼位于机身底部的称为下单翼（Low-wing），如图1-9所示。

上单翼　　　中单翼　　　下单翼

图1-9　机翼与机身的相对位置

机身和机翼之间互相干扰可以产生阻力，从这方面讲，中单翼产生的阻力最小，其次是上单翼，而下单翼产生的阻力最大（详见章节1.3.2）。但是机翼位置的选择不仅取决于干扰产生的阻力大小，还要考虑飞机的整体结构布局和其他部件的使用要求等因素。

上单翼出现在部分客机和运输机上；中单翼多用于歼击机，因为歼击机要求飞行速度高，必须尽量减小飞行阻力；下单翼机翼离地面最近，可以将起落架固定在机翼上，这样的起落架短、重量轻，因此许多轻型飞机采用下单翼。

通常机翼平面与机身水平面之间有一定的安装角度，称为"上反角"（Dihedral angle）或"下反角"（Cathedral angle），相应的机翼称为上反翼或下反翼，如图 1-10 所示。上反角可以增加飞机的横侧向稳定性（见 7.2 节）。

上反翼　　　　无反翼　　　　下反翼

图 1-10　机翼与机身的相对角度

2. 尾翼的布局

尾翼由水平尾翼和垂直尾翼组成。垂直尾翼一般安装在飞机尾部的位置不变，水平尾翼装在飞机尾部的称为常规式，水平尾翼位于主机翼前方的称为鸭式布局（Canard），如图 1-11 所示。尾翼位于后方的可以提高飞机的静稳定性（详见章节 6.3 和 7.2），而位于前方的（即鸭翼）则可以提高飞机的机动性。这里尾翼到机身重心的距离取决于飞机的稳定性和操纵性要求。此外，在军用飞机中还出现不少没有水平尾翼的无尾飞机（Tailless）。无尾飞机的俯仰平衡和操纵功能由机翼的升降副翼来承担。由于取消了水平尾翼，所以飞机阻力较小、重量较轻，但它的缺点在于重心的前后限范围小。

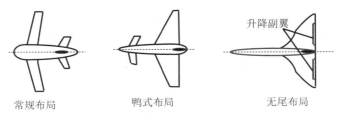

常规布局　　　　鸭式布局　　　　无尾布局

图 1-11　机翼与平尾的纵向布局

1.2.4 起落架布局

飞机常见的起落架布局包括后三点式起落架和前三点式起落架，如图 1-12 所示，图中 G 为飞机的重力。

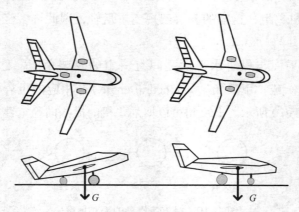

图 1-12 后三点式飞机和前三点式飞机起落架

在早期的飞机（螺旋桨飞机）设计中，大多采用后三点式起落架，起落架的两个主轮和尾轮共同支撑整架飞机。后三点式起落架的飞机重心位于主轮之后，它最大的优势是结构比较简单，落地时所有机轮均同时着地。但它的缺点也明显，飞机在地面上时机坪角高（飞机头上仰），这样起飞和着陆时飞行员的坐姿上倾，面向跑道的视界不佳；另外，重心在主起落架之后的较近距离处，当地面滑行重刹车时，飞机受惯性影响容易倒立。

如今大多数飞机都开始使用前三点式起落架设计。这种起落架由一组前轮和两个主轮来支撑机身，使飞机的重心位于主轮之前。相比于后三点式起落架，它的优势在于：在地面时飞机处于水平或接近水平的位置，而准备起飞时，飞行员面向跑道视野较好，并且前三点式起落架具有航向稳定性。

前三点式飞机在直线滑行中受扰偏转时或者带侧偏角接地时，由于主轮（后轮）上承受的载荷很大，主轮（后轮）的侧向摩擦力能对重心形成较大的航向稳定力矩，足以克服前轮的侧向摩擦力对重心形成的航向不稳定力矩，因而航向容易恢复至和运动方向一致，如图 1-13 所示。而后三点式飞机受扰后则较难恢复到原来的航向。

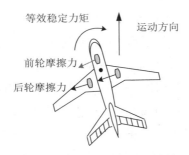

图 1-13　前三点式飞机的航向稳定性示意图

1.3　飞机的外力

飞机所受的外力包括自身重力、发动机提供的推力及气动力。一般气动力可分解为升力和阻力。

1.3.1　升力

飞机获得升力的主要部件为机翼，机翼的升力来源于机翼上下表面的大气压强差产生升力，如图 1-14 所示。飞行时，飞机相对空气的速度 V_∞ 与翼弦之间的夹角为翼型的迎角 α（Angle of attack）。定义 P_0 为大气总压，当机翼上表面有气流流过时，剩余的静压为 P_2；当下表面有气流流过时，剩余的静压为 P_1，下上表面的压力差为 $P_1 - P_2$，若 $P_1 > P_2$，则机翼产生总气动力 R，其方向垂直机翼翼弦向上，可分解为垂直来流方向的机翼升力 L（Lift）和与来流方向一致的机翼阻力 D（Drag）。

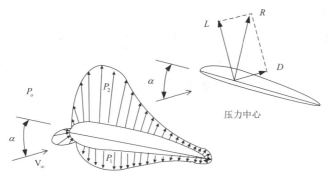

（a）翼型表面的压力分布　　　　（b）翼型表面的等效集中力分解

图 1-14　翼型表面的压力分布和等效集中力分解

对于亚声速飞机可以用伯努利定理来解释机翼产生升力的原因。伯努利定理描述的是，理想流体沿流管做定常流动时，若流动速度增加，则流体的静压将减小；反之，静压将增加，但是流体的静压和动压之和总压始终保持不变。伯努利定理适用于定常、不可压缩和无摩擦的流线流场。飞机定常平飞时，若以飞机为参照系，此时流场为定常流场，可以应用伯努利定理。为了便于分析，把作用于机翼表面的分布力等效为一个集中力，如图1-15所示：来流的静压为大气压强，来流速度（V_∞）为飞机相对地面的速度，总压为大气压强和来流的动压之和。

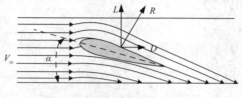

图1-15 飞机升力产生原理

离机翼前缘较远的前方，气流均匀流动，流管的上半部分和下半部分流速一样的；当空气接近机翼前缘时，气流被机翼分割为上下两部分，由于翼型上表面凸起较多而下表面凸起较少，有的翼型甚至是凹的，且机翼有一定的迎角，这使流过机翼上表面前半段的流管面积减少很多，气流的流速增大，动压增加。

根据伯努利定理中总压不变的条件，机翼上表面的静压 P_2 比机翼前方的气流静压小。但翼型下表面的流管面积相比增大，气流的流速变慢，因此机翼下表面的静压 P_1 比机翼前方的气流静压大。这样下上翼面之间产生一个静压差，这个静压差在垂直于气流方向上的分量就是机翼升力的来源。

通过以上分析可见，作用在整个机翼表面的气动力分布随迎角的变化而变化，因此升力也随之变化。通过实验和理论研究，采用如下升力的计算公式：

$$L = \frac{1}{2}\rho V_a^2 S C_L \qquad (1-3)$$

其中 ρ 为飞行所处高度的大气密度，C_L 为升力系数，$Q = \frac{1}{2}\rho V_a^2$ 为动压。

通常来讲飞行高度越低、飞行速度越大、机翼面积越大，机翼上的升力也就越大。

影响升力系数的主要因素有机翼迎角、翼型（厚度、弯度）、机翼的平面形状（展弦比、后掠角）、机翼的表面条件以及飞机所处高度的大气参数（雷诺数、温度）等。对于某一种翼型的机翼，可以通过风洞实验[①]测出一条升力系数与迎角的关系曲线，如图 1-16 所示。

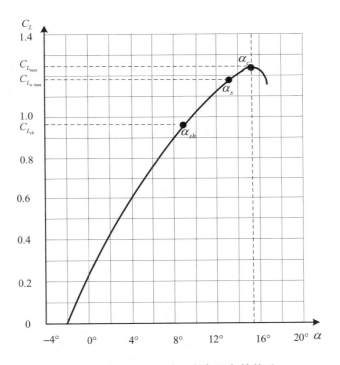

图 1-16 飞机升力系数与迎角的关系

曲线中升力系数等于零的迎角为零升迎角（Zero-lift angle），对于对称翼型，零升迎角就等于零度。对于有弯度翼型，零升迎角一般不为零度。如图 1-16 所示，升力系数会随着迎角的增大而增大，理论上达到最大升力系数 $C_{L_{max}}$ 时的迎角为临界迎角 α_c（Critical angle of attack）。当迎角超过临界迎角后，升力系数就会很快下降。这是因为迎角过大，机翼上表面的气流不能维

①　风洞实验：以人工的方式产生并控制气流，用来模拟飞行器周围气体的流动情况，并可量度气流对飞行器的作用效果的一种实验手段。

持平滑地流动，气流绕过前缘很快就开始分离，产生方向不定的杂乱无章的流动。这种状态的气流使机翼上表面压力加大，升力下降，这种现象叫作失速（Stall）。

在实际飞行中，通常飞机不会达到C_{Lmax}，这是因为在达到临界迎角α_c之前，随着机翼气流分离程度的加强，可能出现飞机翼尖下坠或机头下俯等失速现象，因此为了进一步留有安全裕度，规定了飞机的最大允许升力系数$C_{La.max}$，有$C_{La.max} < C_{Lmax}$，这时的迎角α_s定义为失速迎角，有$\alpha_s < \alpha_c$。随着迎角的增加，飞机会逐渐出现局部气流分离的涡流，飞机开始抖动，但此时抖动不会对飞行构成威胁，飞机升力可以正常增加，这种开始抖动的迎角，定义为抖动迎角α_{sh}，相应的升力系数为抖动升力系数$C_{Lsh} = (0.8 \sim 0.85)C_{Lmax}$。通常要求飞机在起飞、着陆和不稳定大气中飞行时的最大迎角不超过抖动迎角。

对于低马赫数飞行，升力系数的变化曲线近似为直线，如图1-17所示，其表达式为：

$$C_L = C_{L_a}(\alpha - \alpha_0) \qquad (1-4)$$

其中α为迎角，α_0为零升迎角，C_{L_a}为升力系数和迎角之间的斜率，为常数，其大小主要与翼型有关。

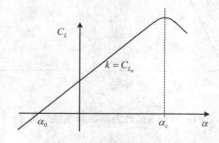

图 1-17　机翼的升力系数

1.3.2　阻力

作用在飞机上的空气动力除了升力以外，还有阻力。飞机机身、起落架、机翼和尾翼等都可以产生阻力。飞机在续航时，机翼阻力大约占总阻力的25%～35%，所以不能像升力那样，用机翼阻力来代表整架飞机的阻力。

在某些情况下，飞机阻力不但无害，而且是完全必需的，这时应当采取措施迅速增加阻力。例如，飞机着陆时，为了降低着陆速度和缩短滑跑距离，需要打开减速板、阻力伞等装置来增大阻力。

按产生阻力的原因可将飞机上的阻力分为压差阻力、诱导阻力、摩擦阻力和干扰阻力。空气具有黏性，且由于飞机表面不光滑，当气流流过飞机表面时，空气微团与飞机表面发生摩擦，阻滞了气流的流动，由此而产生的阻力叫作摩擦阻力（Frictional drag）。实践表明飞机的各个部件如机翼、机身、尾翼等单独放在气流中所产生的阻力总和小于组成一架飞机后的阻力，这是因为飞机各部分之间由于气流相互干扰而产生的一种额外阻力，称作干扰阻力（Interference drag）。下面重点介绍压差阻力和诱导阻力。

1. 压差阻力

压差阻力（Pressure drag）是物体前后压强差所形成的阻力。压差阻力同物体的迎风面积、形状及其在气流中的速度都有很大关系。所谓迎风面积，就是物体垂直于气流方向的最大截面面积。物体的迎风面积越大，压差阻力也就越大。物体的形状包括物体中间和两端的形状，假设气流中一个圆柱体的压差阻力大小当量为1，则尖头的圆柱体压差阻力当量为2/5，而圆头的圆柱体压差阻力当量为1/5，两头圆的圆柱体压差阻力当量为1/25，如图1-18所示。

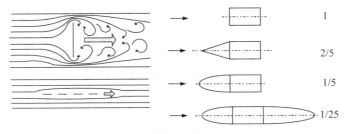

图1-18 不同形状物体压差阻力

2. 诱导阻力

机翼上的摩擦阻力和压差阻力合称为翼型阻力。机翼上除翼型阻力外还有一种伴随着机翼升力的产生而产生的阻力（尾翼上也有）称为诱导阻力（Induced drag）。

当飞机飞行时，下翼面压强大、上翼面压强小，由于翼展的长度是有限的，所以上下翼面的压强差使得气流从下翼面绕过两端翼尖，向上翼面流动。

当气流绕过翼尖时，在翼尖处不断形成翼尖涡。这种涡从飞机的正前方看去，右边涡是逆时针方向的，左边涡是顺时针方向的。随着飞机向前方飞行，旋涡就从翼尖向后方流去并产生了向下的下洗速度 w，如图 1-19 所示。

图 1-19　机翼下洗流示意图

在机翼中任取某一剖面来研究，如图 1-20 所示，由于下洗流的作用，流过该剖面的气流除了原来的相对速度 V_∞ 之外，又产生了垂直向下的下洗速度 w。V_∞ 和 w 合成的速度 V_e 是气流流经该翼剖面的真实相对速度。V_e 与 V_∞ 的夹角 ε 称为下洗角。原来的升力 L 为总空气动力在垂直于相对速度 V_∞ 的方向上的分力，由于下洗流，原来的升力 L 也随之偏转一个角度 ε，与 V_e 垂直成为 L_i，两者大小近似相等，但方向不同。

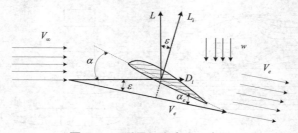

图 1-20　诱导阻力产生示意图

飞机的飞行方向仍然是原来 V_∞ 的方向，因此 L_i 就产生一个与飞机前进方向相反的水平分力 D_i，这部分阻力称作诱导阻力。

诱导阻力是由于气流下洗使原来的升力偏转而引起的附加阻力，并不包含在翼型阻力之内。诱导阻力与机翼平面形状、机翼剖面形状和展弦比有关，所以为了减小机翼的诱导阻力，应该选取椭圆形的机翼平面形状，增加翼梢小翼，并尽可能加大机翼的展长，即增加展弦比。

3. 阻力计算

阻力同升力一样，也是总空气动力的一部分，以同样形式给出阻力计算公式：

$$D = C_D \frac{1}{2} \rho V_a^2 S \qquad (1\text{-}5)$$

式中 C_D 为阻力系数，阻力系数与飞机迎角有关，一般由风洞实验求得。

低马赫数飞行时，阻力系数的近似计算表达式为：

$$C_D = C_{D_0} + C_{D_i} = C_{D_0} + kC_L^2 \qquad (1\text{-}6)$$

其中 C_{D_0} 为寄生阻力系数项（除诱导阻力外，其余阻力统称为寄生阻力），又叫零升阻力系数，当 $C_L = 0$ 时，有 $C_D = C_{D0}$。$C_{D_i} = kC_L^2$ 为诱导阻力系数项，k 是和机翼参数有关的项。阻力系数与迎角的关系如图 1-21 所示，在某一迎角下飞机有最小阻力系数。

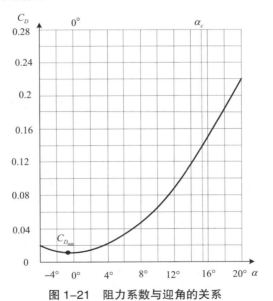

图 1-21　阻力系数与迎角的关系

飞机平飞时满足升重平衡（升力和重力平衡）。随着飞行速度的增加，飞机的升力系数减小，诱导阻力随之减小，但寄生阻力增加，两者合成的飞机阻力有个最小点，该点速度为平飞最小阻力速度，又称为有利速度，如图 1-22 所示，注意该点并不与最小阻力系数点重合。

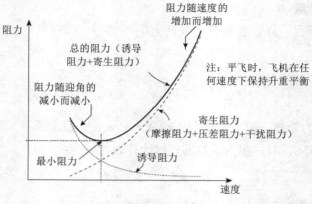

图 1-22　平飞阻力特性曲线

1.3.3　极曲线

飞机的升阻比（Lift-drag ratio）定义为一定的迎角下，飞机的升力和阻力的比值：

$$K = \frac{L}{D} = \frac{C_L}{C_D} \tag{1-7}$$

依据升力、阻力系数随迎角变化的关系，得升阻比随迎角变化的曲线，如图 1-23 所示。

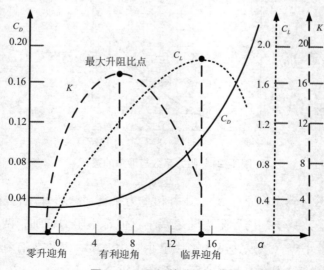

图 1-23　飞机的升阻比曲线

对于亚声速飞机，升阻比最大点是飞机的诱导阻力和零升阻力相等的点，即飞机的平飞阻力最小点（见图 1-22），所以对应的迎角称为有利迎角，也意味着飞机以最大升阻比对应的速度飞行时，其气动效率最高。从零升迎角到有利迎角，升力系数增加快、阻力系数增加慢，升阻比增大。从有利迎角到临界迎角，升力系数增加慢、阻力系数增加快，升阻比减小。超过临界迎角时，压差阻力急剧增大，升阻比急剧减小。

飞机以一定的构型和速度、在一定高度上飞行时，在同一坐标系上绘制不同迎角所对应的升力系数和阻力系数的曲线称为飞机的极曲线（Drag polar），如图 1-24 所示。

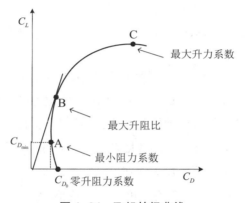

图 1-24　飞机的极曲线

极曲线与横轴的交点为零升阻力系数 C_{D_0}，由于飞机翼型有弯度，所以 C_{D_0} 并不一定是最小阻力系数；在某一迎角下阻力系数达到最小值，称为最小阻力系数 $C_{D_{\min}}$，该迎角称为最小阻力系数迎角。在升重平衡条件下，沿着极曲线，随迎角的增加，飞行速度降低，在曲线的顶点飞机获得最大的升力系数。过原点作极曲线的切线，切点为飞机（或机翼）的最大升阻比点。

1.3.4　动力

飞机的所需动力取决于飞机的阻力和重量，也取决于飞机的飞行高度和速度。飞机能产生动力的大小取决于所使用的发动机数目和类型。

1. 螺旋桨飞机的发动机性能

螺旋桨飞机是指通过螺旋桨将发动机的功率转化为推进力的飞机。螺旋桨飞机按发动机类型不同分为活塞式螺旋桨飞机和涡轮螺旋桨飞机（简称"涡桨飞机"）。在飞机发展的早期主要使用活塞式发动机（Reciprocating engine），现在塞斯纳（Cessna）教练机、水上飞机等小型飞机仍然在使用活塞式发动机；涡桨发动机（Turboprop）由涡喷发动机驱动，通过减速箱带动螺旋桨。涡桨发动机耗油比喷气式发动机少很多，比活塞式发动机功重比大，在短途运输机和中小型客机上应用广泛。

螺旋桨飞机的发动机输出的是轴功率，因此发动机的主要性能参数有：

（1）有效功率：发动机实际输出功率；

（2）可用功率：发动机能够作用到飞机的功率，是有效功率和螺旋桨效率的乘积；

（3）燃油消耗率（耗油率）：指每千瓦有效功率在一小时内所消耗的燃油量，以 SFC（Specific fuel consumption）表示，单位为 kg /（kw·h）。

螺旋桨飞机的发动机带动螺旋桨产生拉力，其拉力具有以下特性：

（1）在给定高度下，在一定的速度范围内，可用功率随速度变化不大；

（2）在给定高度下，可用拉力随速度增加而减小；

（3）随着高度增加，可用功率/可用拉力减小。

螺旋桨飞机在地面和低空产生的拉力大，随着飞行速度和高度的增加，螺旋桨的效率降低，因此和喷气式飞机相比，螺旋桨飞机的飞行速度和高度都较低。

2. 涡轮喷气式飞机的发动机性能

涡轮喷气式飞机是指通过涡轮发动机（Turbojets）驱动的、靠喷管高速喷出的气流产生反作用推力的飞机，主要采用涡轮喷气式发动机和涡轮风扇式发动机。涡轮风扇式发动机具有推进力大、噪声低、燃油消耗率低的特点，适合于高亚声速飞行，广泛应用于民航飞机。涡轮喷气式发动机的经济性与涡扇式发动机相比差些，但高速性能优异，多用于超声速和高超声速飞机。

涡轮喷气式发动机的典型工作状态有：

（1）最大状态：发动机处于最大可用转速下的工作状态，此时发动机的推力是最大推力（起飞、复飞时采用）；

（2）加力状态：涡轮喷气式发动机在最大工作状态运转的基础上，可以再短暂地进一步增大推力，允许短时间的持续加力，通常在起飞性能受限的情况下使用；

（3）额定状态：发动机的额定转速大约比最大可用转速小 3%～5%，推力约为最大状态推力的 85%～90%，该状态可以较长时间连续工作，在飞行中常用于平飞和爬升；

（4）续航状态：发动机转速约为额定转速的 90%，相应的推力约为额定状态推力的 80%，在该状态下，耗油率低，常用于飞机续航飞行；

（5）慢车状态：慢车状态是发动机转速约为额定转速 30% 的工作状态，推力很小，仅为最大状态推力的 3%～5%，用于下降、进近和地面滑行。慢车状态主要功能是发电、维持液压系统、气源系统工作等。

涡轮喷气式发动机直接输出推力，其基本性能参数有：

（1）海平面最大净推力：发动机在海平面高度、在静止空气中全速运转所产生的推力；

（2）燃油消耗率（耗油率）：发动机产生 1N 推力时，单位时间所消耗的燃油量称为耗油率 q_N，单位为 kg／（N·h）。

涡轮喷气式发动机的主要推力特性为：

（1）在 11km 以上，可用推力随速度变化不明显；

（2）给定高度，可用功率随速度增加而增加；

（3）随高度增加，可用推力／可用功率减小。

涡轮喷气式飞机由于推力提升大，比螺旋桨飞机更稳定，通常在 10 000～13 000 米的高空中巡航，以达到最佳推进效率。

3. 不同飞机发动机的输出特性比较

涡轮喷气式飞机与螺旋桨飞机的可用推进力和功率的输出特性有明显不同，这使得飞机的飞行性能也不相同，图 1-25 给出亚声速范围内二者在可用推进力和输出特性方面的比较结果。

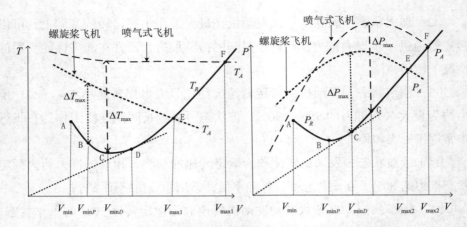

图 1-25　两类飞机的最大剩余推力和最大剩余功率点速度比较示意图

在每一个平飞速度点，发动机所能提供的推力 T_A 与平飞所需推力 T_R 之间存在最大推力差，称为最大剩余推力 ΔT_{max}。发动机所能提供的功率 P_A 与平飞所需功率 P_R 之间存在最大功率差，称为最大剩余功率 ΔP_{max}。对于喷气式飞机，最大剩余推力 ΔT_{max} 所对应的速度取在平飞最小阻力点 C 的速度 V_{minD}，最大剩余功率 ΔP_{max} 所对应的速度要大于平飞最小阻力点速度；对于螺旋桨飞机，最大剩余推力所对应的速度近似地取在平飞最小功率点 B 的速度 V_{minP}，最大剩余功率所对应的速度点取在平飞最小阻力点速度 V_{minD}。对应各高度上的可用推力 T_A 曲线和平飞所需推力 T_R 曲线在右方交点的速度为推力约束下的最大平飞速度 V_{max1}；可用功率曲线和平飞所需功率曲线在右方交点的速度为功率约束下的最大平飞速度 V_{max2}，两者取最小值即为飞机的最大平飞速度 $V_{max} = \min\{V_{max1}, V_{max2}\}$。平飞推力曲线上还可以找到在最大可用升力系数下，满足升重平衡的最小平飞速度 V_{min}。

1.4　飞机的状态

飞机的状态表征了飞机本身相对于地面的位置、姿态和相对于来流的方向，以及飞行轨迹和地面之间的相对位置关系。

一般飞机上安装有静压孔和皮托管（Pitot tube），静压孔用于测量大气静压，皮托管测量总压，如图 1-26 所示。飞机的高度和速度通常由静压孔和皮托管共同测量获得，气压高度和升降速度通过静压孔测量获得，飞机的前飞速度通过总压和静压差，即动压获得。

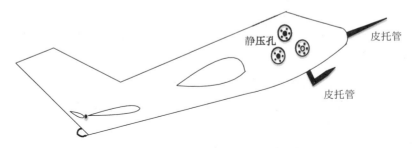

图 1-26　飞机上的静压孔和皮托管示意图

测量总压时为了避免飞机周围扰动气流的影响，皮托管通常要向下远离机身一定的距离，也有的是向前端伸出飞机本体一定的距离。

1.4.1　高度

飞机所在高度和该高度的大气密度、压强和温度之间有一定的关联。依据标准大气参数方程（1-1），在 11 千米以内，大气压强与气压高度的关系可近似地表示如下：

$$H_P(ft) = 145442\left(1 - \left[\frac{P_h}{P_{ref}}\right]^{0.1903}\right) \tag{1-8}$$

其中 H_P 为飞机的气压高度，P_h 为该高度上无穷远处大气的压强，P_{ref} 为参考大气压强。一般气压高度数据通过气压高度表得到，取不同的参考大气压强会获得不同的气压高度。

（1）如果 P_{ref} 取地表的压强，如某一机场平面的压强（QFE），则称 H_P 为"场压高度"，这时飞机在地面静止时的高度为 0，测量以 QFE 为基准时叫作"高"（Height），例如"决断高"（Decision height）。

（2）如果 P_{ref} 取平均海平面的压强（QNH），则称 H_P 为"海压高度"，气压高度计获得的数据为当地海平面高度，测量以 QNH 作为基准时叫作"高度"（Altitude），例如"决断高度"（Decision altitude）。QNH 的使用依照航图和管制要求使用。

（3）如果 P_{ref} 取标准大气海平面压强（QNE），则称 H_P 为标准气压高度，一般用于航线飞行，并以 QNE 作为基准定义了飞行的高度层（Flight level，FL）。

由于不同的参考压强对应着不同的高度，不同高度对应不同的应用条件，因此飞机上规定了过渡高（Transition height，TH）、过渡高度（Transition altitude，TA）和过渡高度层（Transition level，TL）。过渡高或过渡高度和过渡高度层之间的空域叫作过渡夹层，如图 1-27 所示。使用过渡高的机场，会根据实际情况规定过渡高 / 过渡高度和过渡高度层。一般来说：

（1）标高 1200m（含）的机场，过渡高度为 3000m，过渡高度层为 3600m；

（2）标高 1200~2400m 的机场，过渡高度为 4200m，过渡高度层为 4800m；

（3）标高 2400m 以上的机场，根据实际情况确定。

飞机一旦达到某个高度，就要进行气压基准面的转换，该操作叫作高度表拨正，其目的是为飞机选取不同的参考压强：

（1）若起飞前用 QFE，爬升到过渡高就转换为 QNE；

（2）或起飞前用 QNH，爬升到过渡高度就转换为 QNE；

（3）从航路下降到过渡高度层时，转换为 QFE 或者 QNH。

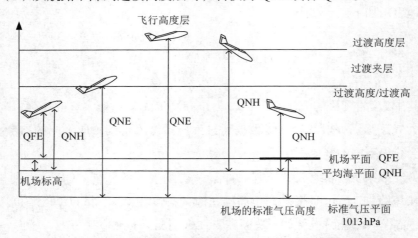

图 1-27　飞行的过渡高度 / 过渡高与过渡高度层的位置示意图

通常 QNE 和 QNH 数值大小存在差异，因此管制员不会指挥过渡夹层的高度或高度层，飞行员也不得在夹层内平飞，避免使用 QNE 的飞机和使用 QNH 的飞机间隔不足。

1.4.2 速度

在飞行高度上，若考虑空气的压缩性，动压与真空速的关系式可近似表示为：

$$V_a = \sqrt{\frac{2Q}{\rho(1+\varepsilon)}} \qquad (1-9)$$

其中 ε 为空气压缩修正系数，ρ 为飞行高度的大气密度，Q 为飞行高度上动压，为总压与静压之差，V_a 为飞机在飞行高度上的真空速，可见它与动压及所在高度大气密度和空气压缩的修正量有关。

以标准大气海平面的大气参数 ε_0、ρ_0 作为参考，得到的空速称为指示"空速" V_i（Indicated airspeed，IAS）：

$$V_i = \sqrt{\frac{2Q}{\rho_0(1+\varepsilon_0)}} \qquad (1-10)$$

指示空速为飞机速度表一个重要输出量，是修正传感器的机械误差和安装位置误差后的测量值。在标准大气海平面高度上，指示空速等于真空速。

飞机的指示空速是以标准大气海平面的大气密度为参考，多用于表示飞行性能，如起飞离地速度和最小平飞速度。飞机的真空速 V_a 是以所在飞行高度的大气密度为参考，是飞机相对空气运动的真实速度，由于考虑了风，在飞机性能计算和导航计算中使用。

真空速 V_a 与飞机相对地面的地速 V_g（Ground speed）和风速 V_w（Wind speed）三者为矢量关系，如图 1-28 所示。

$$\mathbf{V_g} = \mathbf{V_a} + \mathbf{V_w} \qquad (1-11)$$

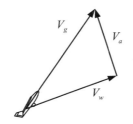

图 1-28 飞机的速度矢量图

依据公式（1-11）可以看出，风速会改变飞机的地速或空速。当稳态风长时间作用于飞机本体时，飞机轨迹将会有偏移量，这时风改变了飞机的地速，没有改变空速；当风切变或突风短时间作用于飞机本体时，飞机运动轨迹不会马上改变，但飞机的空速改变了，因此首先应该考虑飞机所受气动力的变化。

1.4.3　姿态

为了描述飞机在空间的位置和姿态，需要建立合理的坐标系。根据研究问题的不同，选择不同的坐标系为基准，便于问题的理解。

（1）机体坐标系：$o_b x_b y_b z_b$（$oxyz$）

原点：机体上某一点（通常为重心）；

x_b：机体纵轴线，指向机头（纵轴）；

z_b：对称平面内垂直于 x_b，指向机腹（垂轴）；

y_b：垂直对称平面，指向由右手螺旋定则确定（横轴）。

（2）地面坐标系：$o_g x_g y_g z_g$，又叫惯性坐标系

原点：地面上某一点；

x_g：在水平面内，并指向某一方向；

z_g：垂直于地面，并指向地心；

y_g：在水平面内垂直于 x_g 轴，指向由右手螺旋定则确定。

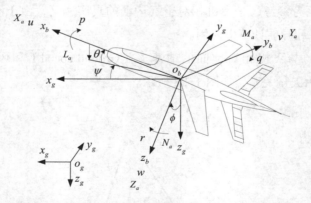

图 1-29　地面坐标系和机体坐标系之间的角度关系

图 1-29 描绘出飞机在空间运动的状态变量：滚转角 ϕ，俯仰角 θ 和偏航角 ψ 分别代表飞机在地面坐标系下的姿态，为机体坐标系与地面坐标系之间

的夹角；前向速度 u、侧向速度 v 和垂向速度 w 分别代表飞机沿着机体坐标系三轴的线速度，滚转角速度 p、俯仰角速度 q 和偏航角速度 r 分别代表飞机绕机体坐标系三轴的角速度；除此之外飞机在地面坐标系下的位置用 x、y 和 z 表示；飞机在机体坐标系下所受到的三轴方向的气动力和力矩分别用 X_a、Y_a、Z_a 和 L_a、M_a、N_a 表示，飞机的发动机油门和三组操纵舵面用 δ_o、δ_a、δ_e 和 δ_r 表示。当飞机平飞时，可将其在空间的运动状态分解为在飞机对称平面内变化的纵向运动变量和在水平面内变化的横侧向运动变量，这些变量的定义和符号由表 1-1 给出。

表 1-1　飞机的空间运动状态和操纵变量

运动参数／运动平面	位置和线速度	姿态和角速度	操纵变量和操纵力矩
纵向运动（Longitudinal motion）	x：飞机沿 x_g 轴的位置 z：飞机沿 z_g 轴的位置 u：飞机沿 x_b 轴的速度 w：飞机沿 z_b 轴的速度	俯仰角 θ：x_b 与水平面间夹角抬头为正，仰角速度为 q。	油门 δ_o 升降舵 δ_e：下偏为正，产生负俯仰力矩 M_a。
横侧向运动（Lateral motion）	y：飞机沿 y_g 轴的位置 v：飞机沿 y_b 轴的速度	滚转角（坡度）ϕ：z_b 与通过 x_b 的与地表垂直的铅垂面之间的夹角飞机右滚转为正，滚转角速度为 p。	副翼 δ_a：左上右下为正，产生负滚转力矩 L_a。
		偏航角 ψ：水平面上 x_b 投影与 x_g 间夹角，机头右偏为正，偏航角速度为 r。	方向舵 δ_r：左偏为正，产生负偏航力矩 N_a。

（3）航迹坐标系：$o_k x_k y_k z_k$

原点 o_k：与机体坐标系原点重合；

x_k：与飞行地速 V_g 方向一致；

z_k：位于包含 V_g 的铅垂面内，与 x_k 垂直，并指向下方；

y_k：垂直于 $o_k x_k z_k$ 平面，指向按右手螺旋定则确定。

（4）气流坐标系：$o_a x_a y_a z_a$

原点 o_a：与机体坐标系原点重合；

x_a：与飞机真空速 V_a 重合一致；

z_a：对称平面内垂直于 x_a，指向机腹下方；

y_a：垂直 $o_a x_a z_a$ 平面，指向按右手螺旋定则确定。

航迹坐标系和地面坐标系之间的关系用航迹角 γ 和 χ 表示，代表了飞机运动轨迹的状态，如图 1-30 所示。气流坐标系与机体坐标系之间的角度为气流角 α 和 β，表示相对来流作用在飞机本体上的方向，如图 1-31 所示。

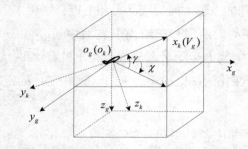

图 1-30　地面坐标系和航迹坐标系关系　　　图 1-31　气流坐标系和机体坐标系关系

航迹滚转角 μ：无风时，航迹坐标系 $o_k x_k$ 轴和气流坐标系的 $o_a x_a$ 轴重合，则角度 μ 决定了航迹坐标系和气流坐标系的关系，如图 1-32 所示。

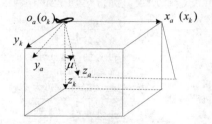

图 1-32　无风时气流坐标系和航迹坐标系的关系

以上角度定义在表 1-2 中给出：

表 1-2　飞机的气流角和航迹角定义

迎角 α	侧滑角 β	航迹爬升角 γ	航迹方位角 χ	航迹滚转角 μ
飞行空速矢量 V_a 在飞机对称平面内的投影与机体轴 x_b 之间的夹角。V_a 的投影在机体轴下面为正。	飞行空速矢量 V_a 与飞机对称平面的夹角。V_a 的投影在对称平面右侧为正。	飞行地速 V_g 与地平面间夹角，飞机向上飞时为正。	飞行地速 V_g 在地平面上的投影与地轴 x_g 之间的夹角，投影在 x_g 右侧为正。	$o_a z_a$ 与包含地速矢量 V_g 的铅垂平面之间的夹角。$o_a z_a$ 绕速度矢量向右滚转为正。

表征飞机运动状态的各个坐标系之间的角度关联如图 1-33 所示。

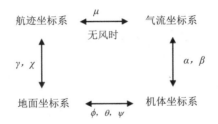

图 1-33 飞机的角度和坐标系之间的关联

依据以上角度的定义，在无风、无滚转条件下，飞机不同角度之间存在如下数学关系：

$$\theta = \alpha + \gamma$$
$$\chi = \psi + \beta$$

（1-12）

如图 1-34 所示，舵面偏转的极性是指舵面偏转角的正负定义，依据本章所建立的坐标系，舵偏角的正负与所控制姿态角变化的正负相反，即舵偏角变化为正的时候，所控制的姿态角变化为负，可见表 1-1。

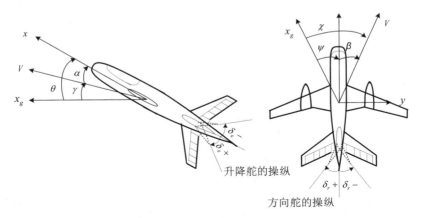

图 1-34 飞机角度关联和舵面的极性

重要概念回顾

[1] 大气的物理性质

[2] 飞机纵向平面内的状态变量

[3] 飞机横侧向平面内的状态变量

[4] 指示空速（IAS）和真空速（TAS）

[5] 场压高度（QFE）、海压高度（QNH）和标准气压高度（QNE）

[6] 升阻比

[7] 翼载荷

[8] 机翼翼型的弯度

[9] 机翼安装的上反角

[10] 机翼安装的后掠角

[11] 飞机升力和阻力的表达式

[12] 飞机的升力系数和阻力系数表达式

[13] 活塞式发动机的燃油耗油率

[14] 螺旋桨飞机的输出力和功率的特点

[15] 涡轮喷气发动机的燃油耗油率

[16] 涡轮喷气式飞机的输出力和功率特点

[17] 飞机的极曲线含义

[18] 飞机的升阻比曲线变化特点

[19] 飞机的常规气动布局和特点

[20] 飞机的起落架布局和特点

第二部分

飞行性能

导读

　　飞行性能是指飞机基本的定常或非定常运动的性能。定常运动指作用在飞机上的所有力和力矩都处于平衡时，飞机的运动参数不随时间变化而变化的运动。当运动参数变化缓慢时，则称之为"准定常"运动，如平飞、续航、下降和爬升等。非定常运动指运动参数随时间变化而变化的运动，如盘旋、俯冲、跃升、起飞和着陆等机动飞行。

　　研究飞行性能时，通常将飞机的运动归结为飞机质心的运动，着重研究外力与质心的运动关系，一般默认为绕飞机质心的力矩是平衡的。

　　飞行性能求解方法有：

　　1. 近似解析法：假设为匀加、减速运动，通过求极值获得飞行性能；

　　2. 微分方程法：建立微分方程，通过数值积分获得性能；

　　3. 图解法：建立函数关系，通过几何画图获得性能；

　　4. 能量法：假设运动过程能量守恒，建立两端点能量方程，通常用来求解非定常运动性能。

第 ② 章 　 稳态飞行性能

　　飞机的空中飞行阶段包括起飞、爬升、续航、下降和着陆，如图 2-1 所示。稳态飞行是基于"准定常"假设的运动，飞机处于受力平衡状态，飞机的速度不变，通常包括平飞、下降和爬升等阶段，为不带滚转、不带侧滑的等速直线飞行，其中直线平飞是指飞行高度不变的匀速飞行，一般用于续航阶段。

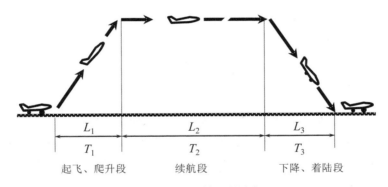

图 2-1　飞机的飞行阶段

2.1　平飞性能

　　平飞有最大、最小平飞速度的性能指标。飞机所受的外力为重力 G、推力 T，升力 L 和阻力 D，如图 2-2 所示，飞机平飞时受力平衡关系式如下：

$$
\begin{aligned}
T - D &= 0 \\
L - G &= 0
\end{aligned}
\tag{2-1}
$$

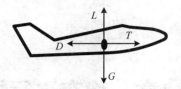

图 2-2 飞机平飞受力示意图

飞机起飞和着陆性能的好坏，取决于飞机的最小平飞速度。如果速度减小，必须增大迎角以提高升力系数，才能保证升重平衡。因此飞机最小平飞速度 $V_{\min}$ 是在最大可用升力系数下获得的：

$$V_{\min} = \sqrt{\frac{2mg}{\rho S C_{L_{a.\max}}}} \qquad (2-2)$$

最大平飞速度可以在最大可用推力 $T_{\max}$ 或最大可用功率 $P_{\max}$ 下获得，两种情况下获得的平飞速度中的最小值，即为飞机的最大平飞速度：

$$V_{\max 1} = \sqrt{\frac{2T_{\max}}{\rho S C_D}}$$

$$V_{\max 2} = \sqrt[3]{\frac{2P_{\max}}{\rho S C_D}} \qquad (2-3)$$

如图 1-25 所示，在可用推力（功率）曲线和所需推力（功率）曲线交点右方，飞机不能等速平飞；在交点左方，飞机可以平飞。飞机一般都有高速的要求，由于阻力和推力都随着高度的变化而不同，飞机的最大平飞速度在不同高度上也不相同（见图 2-14）。

最小阻力速度是飞机以该速度进行平飞，所受到的阻力最小的速度，又称有利速度。在升重平衡条件下，建立平飞阻力公式，并对速度求导可获得最小阻力速度：

$$D = \frac{1}{2}\rho V^2 S(C_{D_0} + kC_L^2) = \frac{1}{2}\rho V^2 S\left\{ C_{D_0} + k\left(\frac{mg}{\frac{1}{2}\rho V^2 S}\right)^2 \right\} \qquad (2-4)$$

$$V_{\min D} = \sqrt{\frac{2mg}{\rho S}} \left(\frac{k}{C_{D_0}}\right)^{1/4} \qquad (2\text{-}5)$$

最小功率速度是飞机以该速度进行平飞，所需推进功率最小的速度，又称经济速度。在升重平衡条件下，建立平飞所需功率公式，对速度求导可获得最小功率速度：

$$P = \frac{1}{2}\rho V^3 S(C_{D_0} + kC_L^2) = \frac{1}{2}\rho V^3 S \left\{ C_{D_0} + k\left(\frac{mg}{\frac{1}{2}\rho V^2 S}\right)^2 \right\} \qquad (2\text{-}6)$$

$$V_{\min P} = \sqrt{\frac{2mg}{\rho S}} \left(\frac{k}{3C_{D_0}}\right)^{1/4} \qquad (2\text{-}7)$$

由公式（2-5）和公式（2-7）可以求得如下关系：

$$V_{\min P} = 0.76 V_{\min D} \qquad (2\text{-}8)$$

2.2　续航性能

续航性能主要指飞机持续飞行的水平距离和时间，即航程和航时，评价指标为最大续航时间、最远航程和活动半径。航时是飞机在空中耗尽其可用燃油所能持续飞行的时间。航程是飞机在平静大气中沿预定方向耗尽其可用燃油所飞过的水平距离。活动半径是按照飞机出航、执行任务、返航的方式所得到的离起飞点的最远距离，由于需要执行任务，飞机的活动半径小于其航程的一半。一般所说的续航性能是指飞机保持稳态平飞阶段所获得的航程和航时。

2.2.1　续航特点

假设初始定直平飞，并且保持（Ma，n）不变，由推阻平衡可得：

$$C_D = \frac{T}{\frac{1}{2}\rho V^2 S} = \frac{2T}{\rho_H a^2 Ma^2 S} \qquad (2\text{-}9)$$

这里 ρ_H 为所在高度的大气密度，Ma 为马赫数，n 为发动机转速。假设发动机产生的推力和密度成正比，则 $C_D = f(Ma, n)$，续航中一旦保持（Ma, n）不变，无论飞机重量 G 和高度 H 如何变化，飞机可以自动保持推阻平衡。

由升重平衡可得：

$$\rho_H = \frac{2G}{C_L a^2 Ma^2 S} = \frac{2G}{K C_D a^2 Ma^2 S} \triangleq g(Ma, n)G \qquad (2\text{-}10)$$

可见随燃油消耗（$G\downarrow$），飞机会缓慢上升（$\rho_H\downarrow$）。但不需要飞行员操纵，飞机将保持纵向平衡。

2.2.2 最佳续航

飞机续航的航时和航程分别取决于发动机的燃油流量和燃油里程，本节以喷气式飞机为例，给出续航性能分析过程。

发动机的燃油流量定义为飞机飞行 1 小时发动机所消耗燃油质量（kg/h），又称为小时耗油量 q_h：

$$q_h = q_N T \qquad (2\text{-}11)$$

其中 q_N 为单台发动机的耗油率，单位 kg/N/h，T 为发动机产生的有效推力。

发动机的燃油里程定义为飞机相对于地面飞行 1 公里所消耗燃油质量（kg/km），又称为公里耗油量 q_{km}：

$$q_{km} = \frac{q_h}{V_g} = \frac{q_N T}{V_g} \qquad (2\text{-}12)$$

小时耗油量和公里耗油量都与耗油率有关，由于耗油率是发动机转速、飞行马赫数和高度的函数 $q_N(n, Ma, H)$，因此最佳续航就是寻求适当的飞行状态组合，使飞机获得最大的航时或者最远的航程。

假设飞机飞行时，飞机质量的改变主要决定于燃油的损耗，建立飞机质量变化的微分方程。经过 dt 时间，飞机质量改变 dm 和小时耗油量 q_h 的关系为：

$$dt = -\frac{dm}{q_h} = -\frac{dG}{g q_h} \qquad (2\text{-}13)$$

这里 dG 为单位时间内飞机的重量变化。假设飞机匀速飞行，经过 dt 时间，飞机所移动的距离 dL 为：

$$dL = Vdt = -\frac{VdG}{gq_h} = -\frac{dG}{gq_{km}} \tag{2-14}$$

通过对上式积分得到从时间 t_1 到时间 t_2 的续航段航时和航程的基本公式：

$$T_{cruise} = \int_{t_1}^{t_2} dt = \int_{G_2}^{G_1} \frac{dG}{gq_h}$$

$$L_{cruise} = \int_{L_1}^{L_2} dL = \int_{G_2}^{G_1} \frac{dG}{gq_{km}} \tag{2-15}$$

平飞时发动机所能产生的总推力 $T = G / (\eta K)$，这里 η 为发动机的效率。那么小时耗油量和公里耗油量为：

$$q_h = q_N T = \frac{q_N G}{\eta K} \triangleq \tilde{q}_h(n, Ma, H)G \tag{2-16}$$

$$q_{km} = \frac{q_h}{V_g} = \frac{q_N G}{\eta K V_g} \triangleq \tilde{q}_{km}(n, Ma, H)G \tag{2-17}$$

则有

$$T_{cruise} = \int_{t_1}^{t_2} dt = \int_{G_2}^{G_1} \frac{dG}{g\tilde{q}_h G} \to \max$$

$$L_{cruise} = \int_{L_1}^{L_2} dL = \int_{G_2}^{G_1} \frac{dG}{g\tilde{q}_{km} G} \to \max \tag{2-18}$$

由此可见最佳续航问题是寻求适当的 $q_N (n, Ma, H)$ 组合，使 $\tilde{q}_h(n, Ma, H) \to \min$ 获得久航性能，使 $\tilde{q}_{km}(n, Ma, H) \to \min$ 获得远航性能。

2.2.3　定高 / 定速续航

飞机实际续航过程中通常要求保持速度和高度不变，但随着燃油消耗，飞机重力减小，这时飞机的迎角就需要减小，相应地飞机的阻力也减小，飞行员需要不断推杆和收油门，发动机转速和飞机的升阻比 K 也都随之改变。

在定高、定速条件下，忽略发动机耗油率 q_N 和发动机效率 η 的变化，则有如下公式：

$$T_{\text{cruise}} = \int_{G_2}^{G_1} \frac{\eta K}{g q_N G} \, \mathrm{d}G$$

$$L_{\text{cruise}} = V_g T_{\text{cruise}} = \int_{G_2}^{G_1} \frac{\eta K V_g}{g q_N G} \, \mathrm{d}G \qquad (2\text{-}19)$$

最大续航时间（Maximum endurance，简称"久航"）的速度，即让 $T_{\text{cruise}} \rightarrow \max$ 的速度 $V_{\max E}$ 在 $G/K = T \rightarrow \min$ 条件下取得，即为最小阻力速度 $V_{\min D}$。最大航程（Maximum range，简称"远航"）速度，即让 $T_{\text{cruise}} \rightarrow \max$ 的速度 $V_{\max R}$ 在 $G/(KV_g) = T/V_g \rightarrow \min$ 条件下取得，即为速度 - 推力曲线的最小斜率点的速度，如图 2-3 所示。

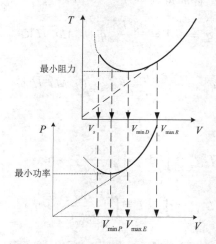

图 2-3　喷气式飞机定高 / 定速续航特征速度点

对于螺旋桨飞机，小时耗油量和功率有关系，因此久航速度在最小功率速度点取得，远航速度在最小阻力速度点取得，如图 2-13 所示。

进一步假设飞机的升阻比不变，则最大续航时间和续航距离可表达为：

$$T_{\text{cruise}} = \frac{\eta K}{g q_N} \ln \frac{G_1}{G_2} \qquad (2\text{-}20)$$

$$L_{\text{cruise}} = \frac{\eta a K Ma}{g q_N} \ln \frac{G_1}{G_2} \qquad (2\text{-}21)$$

此时航程大小主要取决于 K 与 Ma 的乘积，KMa 又称为高速飞机的气动效率。

飞机最大活动半径满足于飞机飞出去和飞回来的距离相等，如图 2-4 所示。

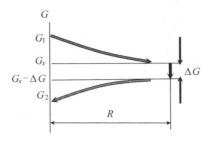

图 2-4　飞机的最大续航半径

假设飞机续航开始和结束的重量分别为 G_1、G_2，执行任务消耗的重量为 ΔG，通常需要确定 G_x，以使飞行出去的距离 R_{max} 最远。根据公式（2-21），可以计算：

$$R_{\max} = \frac{a}{g}\left(\frac{\eta K M a}{q_{\mathrm{N}}}\right)_{\max 1} \ln \frac{G_1}{G_x} = \frac{a}{g}\left(\frac{\eta K M a}{q_{\mathrm{N}}}\right)_{\max 2} \ln \frac{G_x - \Delta G}{G_2} \qquad （2-22）$$

在定高、定速条件下，若 $\dfrac{a}{g}\left(\dfrac{\eta K M a}{q_{\mathrm{N}}}\right)_{\max 1} = \dfrac{a}{g}\left(\dfrac{\eta K M a}{q_{\mathrm{N}}}\right)_{\max 2}$，则：

$$\frac{G_1}{G_x} = \frac{G_x - \Delta G}{G_2} \qquad （2-23）$$

因此求得最大飞出距离时需要具有的燃油重量为：

$$G_x = \frac{\Delta G}{2} + \sqrt{\left(\frac{\Delta G}{2}\right)^2 + G_1 G_2} \qquad （2-24）$$

进而获得飞机的最大续航半径为：

$$R_{\max} = \frac{a}{g}\left(\frac{\eta K M a}{q_{\mathrm{N}}}\right)_{\max} \ln \frac{G_1}{G_x} \qquad （2-25）$$

2.2.4　续航性能改善方法

（1）增加可用燃油：设计合理的内部储油空间、携带副油箱（此为不利因素，增加了重量和迎面阻力）和空中加油；

（2）提高气动效率，使升阻比增加；

（3）根据任务需要，选用合适的发动机，使推力与要求相匹配，且耗油率尽量小；

（4）设计最佳航路方案，包括考虑非标准使用条件如风的影响：

航时取决于飞行状态和发动机状态 $q_N(n, Ma, H)$，与地速无关，航程与地速相关，即 $q_{km} = \dfrac{q_h}{V_g} = \dfrac{q_h}{V_a \pm V_w}$。顺风时为 "$V_a + V_w$"，由于升重平衡，空速一定，故可减小 q_{km}，增加航程，逆风则会减少航程。

（5）减轻飞机结构重量。

2.3 下降性能

飞机稳态下降分为无功率下降（Gliding Flight，即"滑翔"）和有功率下降，下降所需飞行速度为下降速度 V。下降的轨迹叫作下滑线，下滑角（Glide angle）是下滑线与水平线之间的夹角 γ，下降移动的水平距离为下滑距离 R，如图 2-5 所示。无推力的稳态下降受力平衡关系式：

$$L - mg\cos\gamma = 0$$
$$D - mg\sin\gamma = 0 \tag{2-26}$$

由上式可见飞机下降时是依靠重力的分量克服阻力前进的，速度由高度的损失获得。

由公式（2-26）可推导飞机下滑角的表达式为：

$$\left|\tan\gamma\right| = \frac{D}{L} = \frac{C_D}{C_L} \tag{2-27}$$

当 C_D/C_L 最小时，获得最小下滑角，即在高的升阻比 L/D 下，获得小的下滑角。

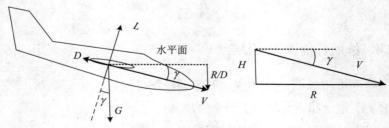

图 2-5 飞机下降示意图

对于给定的飞机，可由升阻比计算出下滑角，进而计算下降速度大小。因为升阻比是变化的值，所以下降速度和下滑角是一组对应值。

假设下降过程中，飞机重量不变，有：

$$\sin \gamma = \frac{D}{mg} \tag{2-28}$$

$$R/D = V \sin \gamma = V \frac{D}{mg} \tag{2-29}$$

这里 R/D 为下降率（Rate of descent），是飞机每秒钟所降低的高度。当 γ 较小时，认为 $\sin\gamma \approx \gamma$，因此在给定重量下，获得最小下滑角的速度对应最小阻力点的速度，最小下降率的速度对应最小功率点的速度：

$$\begin{aligned} \gamma_{\min} &\to D_{\min} \\ R/D\big|_{\min} &\to (VD)_{\min} \to P_{\min} \end{aligned} \tag{2-30}$$

如图 2-5 右图所示，在给定高度 H 上，下滑距离 R 和下滑角 γ 的关系为：

$$R = \frac{H}{\tan \gamma} \tag{2-31}$$

给定飞行高度时，最大下滑距离对应最小下滑角 $R_{\max} \to \gamma_{\min}$，最长下降时间对应最小下降率。可见，在无功率下降时，采用有利速度下降，可获得最大下滑距离；采用经济速度下降，可获得最长下降时间，如图 2-6 所示。

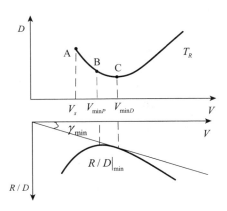

图 2-6　飞机下降特征速度点

最佳下降速度是获得最大下滑距离的速度，即最大升阻比点速度，依据升阻比随迎角变化规律（图1-23），飞机速度大于或小于最大升阻比点速度都会导致下滑角增大，不能达到最大下滑距离，如图2-7所示。

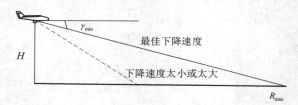

图 2-7　最佳下降速度获得最大下滑距离

当飞机有正拉力下降时，有：

$$\left| \tan \gamma \right| = \frac{D - T}{L} = \frac{1}{K} - \frac{T}{mg} \tag{2-32}$$

$$R/D = \dot{h} = V \sin \gamma = V \frac{D - T}{mg} = V \left(\frac{1}{K} - \frac{T}{mg} \right) \tag{2-33}$$

可见当拉力小于阻力时，拉力越大，下滑角和下降率都会减小，下滑距离变长，下降时间变长；而重量增加，下滑角和下降率都增加，下滑距离变短，下降时间变短。

2.4　爬升性能

飞机在推力作用下的稳态爬升（Climbing flight），如图2-8所示，有如下平衡关系式：

$$\begin{aligned} L - mg \cos \gamma = 0 \\ T - D - mg \sin \gamma = 0 \end{aligned} \tag{2-34}$$

这里 γ 为飞机的爬升角（Climb angle），当 γ 较小时，有 $\sin\gamma \approx \gamma$，则：

$$\tan \gamma = \frac{T - D}{L}$$

$$R/C = V \sin \gamma \approx V \gamma = \frac{T - D}{L} V \tag{2-35}$$

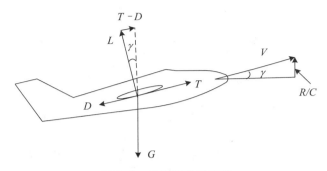

图 2-8　飞机爬升示意图

这里 R/C（Rate of climb）为飞机的爬升率，即定常爬升时飞机在单位时间内增加的高度。如果 $T = 0$，则 γ 为负值，这意味着飞机在下降。

爬升有如下特性：

（1）爬升率 R/C 是飞机向上爬升时飞行速度在垂直方向上的分速度，由保持平飞后额外的功实现，又被称为单位重量的剩余功率（Specific excess power，SEP）。

（2）在 γ 很小时，不考虑重量变化时，飞机最大爬升角在最大剩余推力点获得（$\gamma_{\max} \to (T - D)|_{\max} = \Delta T_{\max}$），该点速度称为最大爬升角速度，即上升相同高度，水平距离最短；最佳爬升率在最大剩余功率点获得（$R/C|_{\max} \to [(T - D)V]|_{\max} = \Delta P_{\max}$），该点速度称为最佳爬升率速度，即上升相同高度，所需时间最短，如图 2-9 所示。

根据图 1-25 所示，对于喷气式飞机最大爬升角和最佳爬升率速度分别为最小阻力点速度和比该点速度大的速度；对于螺旋桨飞机，最大爬升角和最佳爬升率速度分别为最小功率速度和最小阻力速度。

（3）爬升角越大，重力在升力方向的分量越小，所需速度越小，飞机阻力越大，水平移动的距离越小，发动机推力平衡重力的分量越大。

（4）在给定爬升角情况下，如果飞机的最大推力刚好与飞机阻力和飞机重力在飞行方向上的分力之和相等的话，则飞机就获得最佳爬升率。

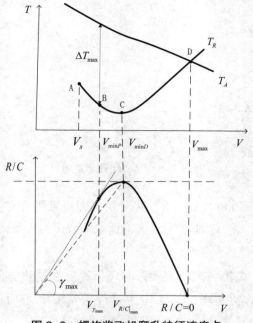

图 2-9 螺旋桨飞机爬升特征速度点

爬升性能主要指爬升率和升限：飞机的爬升受高度的限制，因为高度越高，发动机的推力越小，飞机就不能保持原来的爬升角，需要减小爬升角使重力在飞行方向上的分力也减小，进而维持飞行速度。当飞机达到某一高度时，发动机推力只能克服平飞阻力，飞机就不能爬升了，这个高度叫静升限（Ceiling），静升限是飞机在 $R/C = 0$ 这点速度下获得的，如图 2-10 所示，飞机在该高度上只能在该速度上等速平飞。

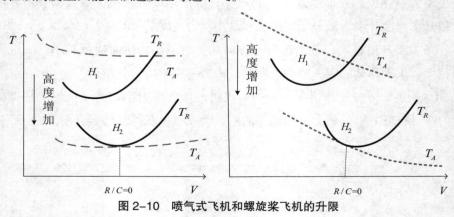

图 2-10 喷气式飞机和螺旋桨飞机的升限

爬升率为零的静升限是理论静升限 $H_{\text{max.a}}$，因为随着 R/C 越来越小，达到该升限的时间为无穷大，因此，飞机实际可达的升限通常定义在飞机的爬升率为 0.5m/s 时的飞行高度，称为实用升限，如图 2-11 所示。螺旋桨飞机和喷气式飞机分别对应着不同的理论静升限 $H_{\text{max.a}}$ 和实用静升限 $H_{\text{max.s}}$。

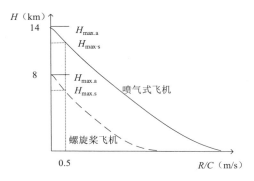

图 2-11　飞机的静升限图

2.5　飞行包线

依据稳态飞行性能分析，在飞机的极曲线上可以得到如下特征速度点，如图 2-12 所示。当升力系数为 $C_L=0$ 时，有零升阻力系数 C_{D_0}，通常该系数比最小阻力系数大些；在升重平衡条件下，沿着该曲线从 A 点到 D 点，速度逐渐减小，迎角逐渐增加，在 A 点有最小阻力系数；在 B 点有最小下滑角、最大升阻比、最小阻力和最大下滑距离；在 D 点有最小平飞速度和最大迎角；在 C 点有最小下降率对应最大下降时间，是最小功率速度，位于 B 和 D 之间。

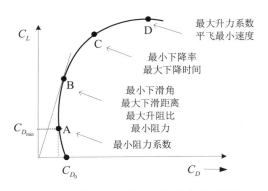

图 2-12　稳态飞行性能在极曲线上的表示

至此，在飞机的推力－速度和功率－速度曲线上，可以找到所有稳态飞行的特征速度点，如图 2-13 所示。

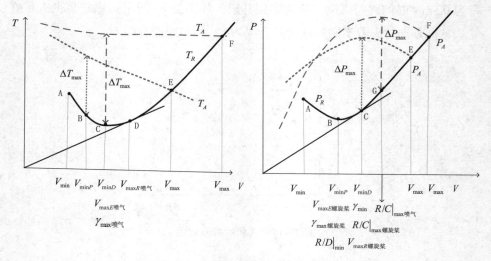

图 2-13 稳态飞行特征的速度点

稳态飞行的特征速度点包括：平飞性能中的最小速度 V_{min}、最小阻力速度 V_{minD}、最小功率速度 V_{minP} 和最大平飞速度 V_{max}；下降性能中的最小下滑角 γ_{min} 的速度和最小下降率 $R/D|_{min}$ 的速度；爬升性能和续航性能与发动机类型有关，因此稳态飞行的特征速度点还包括：螺旋桨飞机的最大爬升角 $\gamma_{max 螺旋桨}$ 的速度、最佳爬升率 $R/C|_{max 螺旋桨}$ 的速度、久航速度 $V_{maxE 螺旋桨}$、远航速度 $V_{maxR 螺旋桨}$ 和喷气式飞机的最大爬升角 $\gamma_{max 喷气}$ 的速度、最佳爬升率 $R/C|_{max 喷气}$ 的速度、远航速度 $V_{maxR 喷气}$ 和久航速度 $V_{maxE 喷气}$。

平飞包线是指飞机定常平飞的速度和高度范围，为在 H-Ma 平面上不同高度定常平飞的最大 Ma 与最小 Ma 所构成的封闭曲线；在其内飞机可定直平飞、等速爬升、加减速飞行；在包线上只可定直平飞。为了分析比较，图 2-14 给出了亚声速飞机和超声速飞机的平飞包线。

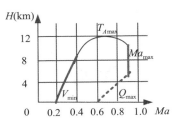 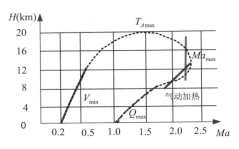

（a）亚声速飞机的平飞包线　　　　（b）超声速飞机的平飞包线

图 2-14　飞机的平飞包线示意图

飞行包线是考虑实际使用限制后得到的飞行高度和速度范围，实际限制主要有：

（1）最大飞行高度限制：飞机最大可用推力在某一高度达到最大，随高度增加，包线的速度范围收缩，直至某高度收缩为一点，此高度为飞机的理论静升限（$H_{max.a}$）；

（2）最小飞行速度（V_{min}）限制：最小飞行速度保证飞机的升重平衡，依据平飞阻力曲线变化，在低空，该速度受飞机最大可用升力系数限制，即飞机的最大迎角限制；在高空，由于密度降低，发动机的最大可用推力减小，飞机不能在最大升力系数处配平阻力，因此飞机的最小平飞速度受最大可用推力限制。

（3）最大马赫数（Ma_{max}）限制：某一高度下，发动机的最大可用推力 T_{Amax} 决定飞机理论上的最大马赫数。但从飞机的结构强度、操纵性、稳定性，以及发动机性能等方面都需要限制最大马赫数。对于超声速飞机，气动加热是指高速下飞机表面跟空气发生剧烈摩擦，使表面温度急剧升高的现象。为了减弱气动加热的影响，需进一步限制飞机的最大马赫数。

在飞行速度相同情况下，低空的空气密度大，动压大，飞机所受的气动力大，因此允许最大飞行速度除了受最大可用推力限制，在低空时还受结构所能承受的最大动压（Q_{max}）限制；随着高度的增加，相同表速下飞行马赫数快速增加，因此在高空时允许最大飞行速度还受最大马赫数限制。

第❸章 机动飞行性能

飞机的机动性是指飞机在一定时间内改变飞行速度、飞行高度以及航向的能力，相应地称之为速度机动性、高度机动性和方向机动性。通常分为铅垂面、水平面以及空间的机动性能。图 3-1 给出民航飞机的典型机动飞行示意图。

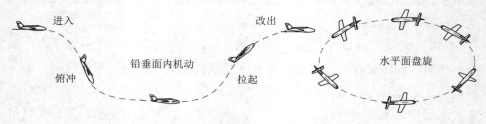

进入　　　　　　　　　改出

铅垂面内机动　　　　　　　　　水平面盘旋

俯冲　　　　　　拉起

图 3-1　飞机在铅垂面和水平面的机动飞行

3.1　载荷系数

作用在飞机上的气动力 R 和发动机推力 T 的合力与飞机重量 G 之比，称为飞机的载荷系数（Load factor）$\mathbf{n}$，可以用下式表示：

$$\mathbf{n} = \frac{\mathbf{R+T}}{\mathbf{G}} \tag{3-1}$$

载荷系数是一个向量，投影到航迹坐标系上，分解为纵向载荷系数 n_x（沿飞行速度矢量方向）、侧向载荷系数 n_y（水平面内垂直于速度矢量）和垂向载荷系数 n_z（铅垂面内垂直于速度矢量），如图 3-2 所示。

沿着飞行速度方向的载荷系数又称为"切向载荷系数"，即 $n_t = n_x$，是由

于飞机的加 / 减速引起的，表示为：$n_t = n_x = (T - D) / G$；垂直于飞行速度矢量的载荷系数称为法向载荷系数，表示为：$n_f = \sqrt{n_z^2 + n_y^2} = L/G$。法向载荷系数主要体现飞机在升力方向上的受力变化，由于飞机结构设计的因素，法向载荷系数对飞机影响最大，因此飞行条件改变时，首先要考虑法向载荷系数的变化。

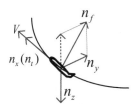

图 3-2　载荷系数分解示意图

飞机在铅垂面机动飞行时，飞机和飞行员的加速度分别为：

$$a = \frac{1}{m}(T + R + G) = ng + g \qquad (3-2)$$

$$a_1 = (F + m_1 g) / m_1 = \frac{Fg}{G_1} + g \qquad (3-3)$$

其中 g 为重力加速度，m_1 为飞行员的质量，G_1 为飞行员的重力，F 为座位的支持力，a 为飞机加速度，a_1 为飞行员的加速度，飞行员相对于飞机静止不动，两者加速度相等，有如下公式：

$$F = nG_1 \qquad (3-4)$$

可见飞行员感受座椅的支持力为自身重力的 n 倍。平飞时，升力等于重力，法向载荷系数为 1，飞行员给座椅的压力等于自身体重；由平飞向上作曲线运动时，升力大于飞机的重力，座椅给飞行员的支持力大于重力，法向载荷系数大于 1，飞行员感觉超重；由平飞向下做曲线运动时，升力小于重力，法向载荷系数小于 1，飞行员压在座椅上的压力变轻，感觉失重。

3.2　平飞加 / 减速

飞机的水平加速性能由发动机的最大推力来决定，常用由某一飞行速度增加到另一速度所需时间来衡量。比较减速性能常常用最大平飞速度减到 0.7 倍最大平飞速度所需的时间来衡量。飞机上为了提高减速性能多采用减速板或反推力装置。平飞加 / 减速微分方程如下：

$$\begin{cases} \dfrac{\mathrm{d}V}{\mathrm{d}t} = \dfrac{g}{G}(T-D) = \dfrac{\Delta T}{G}g = n_x g \\ L = G \end{cases} \tag{3-5}$$

飞机从速度 V_0 变化到速度 V_1 所需的加 / 减速时间 t 和距离 l 可以通过积分获得：

$$t = \frac{1}{g}\int_{V_0}^{V_1} \frac{\mathrm{d}V}{n_x} = \frac{G}{g}\int_{V_0}^{V_1} \frac{\mathrm{d}V}{\Delta T}$$

$$l = \int_{t_0}^{t_1} V\mathrm{d}t = \frac{G}{g}\int_{V_0}^{V_1} \frac{V\mathrm{d}V}{\Delta T} \tag{3-6}$$

因为加速会导致飞行高度改变，所以飞行中需不断调整迎角，来满足平飞条件。依据公式（3-6），如果能够获得飞机剩余推力随平飞速度的变化关系 $\Delta T(V)$，可以用图表法表示平飞加 / 减速时间，如图 3-3 所示，阴影部分即为加速时间 t。

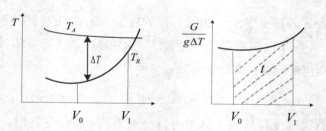

图 3-3　图解法获得飞机加 / 减速性能

3.3　拉起和俯冲

飞机在某一高度下具有一个平飞速度和平飞迎角，如果飞行员突然改变飞机的迎角到较大的一个角度，升力会突然增加，飞机会在纵向平面内产生弧形轨迹，这个动作称作拉起，拉起的受力分析如图 3-4 所示。

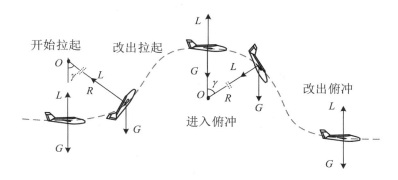

图 3-4　飞机拉起和俯冲的受力分析

可近似地认为拉起的轨迹是一个半径很大的圆弧，γ 角很小，则拉起过程的平衡方程为：

$$\begin{cases} \dfrac{G}{g}\dfrac{\mathrm{d}V}{\mathrm{d}t} = T - D - G\sin\gamma \\[3mm] \dfrac{G}{g}\dfrac{V^2}{R} = L - G\cos\gamma \end{cases}$$

（3-7）

飞机拉起时的载荷系数为：

$$\begin{cases} n_t = \sin\gamma + \dfrac{\mathrm{d}V}{g\mathrm{d}t} \\[3mm] n_f = \cos\gamma + \dfrac{V^2}{gR} \end{cases}$$

（3-8）

飞机拉起运动中，有 $\cos\gamma \approx 1$，则

$$\frac{G}{g}\frac{V^2}{R} = L - G$$

（3-9）

拉起的半径和角速率为：

$$R = \frac{GV^2}{g(L-G)} = \frac{V^2}{g(n-1)}$$

$$\omega = \frac{V}{R} = \frac{g(n-1)}{V}$$

（3-10）

与拉起相反的动作为俯冲，如图 3-4 所示，飞机平飞时突然减小迎角，

到负的迎角，使飞机的升力向下，其受力平衡方程为：

$$\begin{cases} \dfrac{G}{g}\dfrac{\mathrm{d}V}{\mathrm{d}t} = T - D + G\sin\gamma \\[2mm] \dfrac{G}{g}\dfrac{V^2}{R} = L + G\cos\gamma \end{cases}$$ （3-11）

在 γ 角很小的条件下，俯冲的半径和角速率为：

$$R = \frac{GV^2}{g(L+G)} = \frac{V^2}{g(n+1)}$$

$$\omega = \frac{V}{R} = \frac{g(n+1)}{V}$$ （3-12）

飞机的拉起和俯冲为非定常运动，采用微分方程方法很难获得准确的性能。因此，通常采用近似的能量守恒方法分析。拉起和俯冲伴随着动能（速度）和势能（高度）的转换，使飞机获得高度或速度机动性。

飞机的拉起和俯冲为瞬时运动，假设该过程中发动机推力平均做功为零，飞机在初始拉起状态 H_0、V_0 和结束状态 H_1、V_1 的能量不变，有：

$$H_0G + \frac{G}{2g}V_0^2 = H_1G + \frac{G}{2g}V_1^2$$ （3-13）

定义能量高度为飞机在某一高度单位重量所具有的势能和动能之和，即：

$$H_e = H_0 + \frac{V_0^2}{2g}$$ （3-14）

则飞机的高度改变与速度改变的关系为：

$$\Delta H = H_1 - H_0 = \frac{1}{2g}(V_0^2 - V_1^2)$$ （3-15）

3.4　盘旋

飞机的盘旋是飞机滚转一个角度，依靠升力的分量提供向心力实现的大于 360 度的转弯运动。如图 3-5 所示，航迹滚转角 μ 为升力与含地速矢量的铅垂面的夹角，水平转弯时假设飞机的迎角很小，航迹滚转角 μ 的大小近似

等于姿态滚转角 ϕ（参见图 1-29）。若飞机的盘旋半径小，则盘旋所需的空域范围可以减小。稳定盘旋就是转弯速度、半径和高度不变的转弯运动。

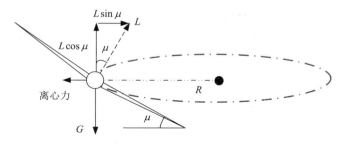

图 3-5　飞机转弯盘旋示意图

飞机盘旋时的受力平衡表达式为：

$$T = D$$
$$L \cos \mu = G$$
$$L \sin \mu = \frac{G}{g} \frac{V^2}{R} \tag{3-16}$$

这里 R 为转弯半径，V 为转弯速度。飞机转弯时的侧向和垂向载荷系数可以推导为：

$$\begin{cases} n_z = -\dfrac{L \cos \mu}{G} \\ n_y = \dfrac{L \sin \mu}{G} \end{cases} \tag{3-17}$$

则转弯的法向载荷系数为：

$$n_f = \sqrt{n_y^2 + n_z^2} = \frac{L}{G} = \frac{1}{\cos \mu} \tag{3-18}$$

进而可以计算飞机盘旋的基本参数：

$$R = \frac{1}{g} \frac{V^2}{n_f \sin \mu} = \frac{V^2}{g \sqrt{n_f^2 - 1}} \tag{3-19}$$

$$t = \frac{2\pi R}{V} = \frac{2\pi V}{g \sqrt{n_f^2 - 1}} \tag{3-20}$$

$$\omega = \frac{2\pi}{t} = \frac{g\sqrt{n_f^2 - 1}}{V} \qquad (3\text{-}21)$$

其中 t 为盘旋周期，ω 为盘旋角速度。根据以上公式，可以得到如下转弯性能：

（1）航迹滚转角 μ 给定的情况下，在 $C_{L_{a.\max}}$ 获得最小转弯半径 $R_{\min}$；

$$\frac{1}{2}\rho V^2 S C_{L_{\max}} \sin\mu = \frac{GV^2}{R_{\min} g} \qquad (3\text{-}22)$$

$$R_{\min} = \frac{G/S}{\frac{1}{2}\rho g C_{L_{a.\max}} \sin\mu_{\max}} \qquad (3\text{-}23)$$

（2）G/S：适当小的翼载荷值可以获得较大的载荷系数；

（3）将公式（3-19）和公式（3-20）分别对速度求微分，可以得到 $V_{R_{\min}}$ 和 $V_{t_{\min}}$。

给定高度和速度下，可通过查表得到飞机的最大可用升力系数，在重量一定的情况下，根据公式（3-16）可以计算出飞机在不同速度下的最大载荷系数，根据公式（3-19）～（3-21），即可画出盘旋性能图：转弯半径、转弯时间和法向载荷系数与飞行速度的关系，如图 3-6（a）所示。依据公式（3-20），可知 $V_{t_{\min}}$ 取在 $(R/V)_{\min}$ 处。

盘旋限制因素主要有以下三个方面：

（1）载荷系数受到飞机强度和人的生理条件限制，故有 $n_{f_{\max}}$ 存在，需考虑飞机的结构强度及刚度和人的耐外载荷能力，如战斗机的 $n_{f_{\max}} = 9$，大型客机的 $n_{f_{\max}} = 2.5$ 等；

（2）速度若减小必须增加升力，但升力的增加受最大可用升力系数 $C_{L_{a.\max}}$ 的限制；

$$V_{\min} \geqslant \sqrt{\frac{G}{\frac{1}{2}\rho S \cos\mu C_{L_{a.\max}}}} \qquad (3\text{-}24)$$

（3）升力系数若增加，阻力也增加，因此最大载荷系数受到最大可用推力 $T_{\max}$ 的限制。

$$D = \frac{1}{2}\rho V^2 S(C_{D_0} + k C_L^2) = D_0 + n_f^2 D_i \leqslant T_{\max} \qquad (3\text{-}25)$$

$$n_{f_{\max}} = \sqrt{\frac{T_{\max} - D_0}{D_i}} \qquad (3\text{-}26)$$

这里 D_0 和 D_i 分别为该高度下平飞的零升阻力和诱导阻力。可见飞机转弯时的阻力比平飞时的阻力大，所需推力增加。

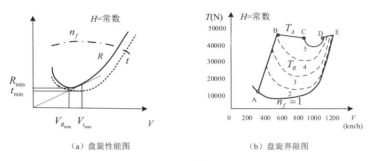

（a）盘旋性能图　　　　　　（b）盘旋界限图

图 3-6　正常盘旋性能

盘旋界限图给出不同载荷系数条件下，盘旋飞行的速度范围，如图 3-6（b）所示。首先画出给定高度上发动机的最大可用推力曲线；然后绘出 $n_f = 1$ 到 $n_f = n_{f.\max}$ 的盘旋需用推力曲线族；最后在曲线族上标出该高度上由于升力系数限制所决定的最小盘旋速度与 n_f 的变化曲线。其中 AB 段受升力系数限制，BC、DE 段受发动机可用推力限制，CD 段受最大载荷系数限制。由盘旋界限图可以看出，随着载荷系数的增加，飞机的最小飞行速度增加，由于最大可用推力的限制，飞机最大飞行速度降低。

3.5　机动性能改善方法

影响飞机机动性的主要因素有推重比、最大可用升力系数、发动机油门特性、减速装置和翼载荷等。

（1）大的推重比有利于增大爬升率，提高高度机动性的能力；

（2）大的可用升力系数有利于产生大的法向载荷系数，可以增加盘旋坡度，提高转弯能力；

（3）发动机油门响应速度快，可以提高推力，改变速度，改善加/减速性能；

（4）必要的减速装置有利于转弯或者减速飞行；

（5）适当的小翼载荷 G/S 值可以在给定速度下有较大的载荷系数，并减小低速诱导阻力，但大翼展也增加了阻力，不利于高速飞行，因此翼载荷的大小需要同时考虑低速和跨声速性能。

第❹章 起飞和着陆性能

飞机起飞和着陆的运动特点为：

（1）速度改变很快的非定常运动；

（2）地面滑跑时承受地面对机轮的支撑力和摩擦力；

（3）地面运动及近地飞行时气动力要考虑地面效应的影响；

（4）构形变化：放下起落架、打开襟翼等增升装置和使用减速板等。

飞机在接近地面飞行时，要考虑地面效应的影响。地面效应影响范围大约在翼展高度范围。由于地面的阻碍作用，飞机的翼尖涡流减弱，飞机的下洗流削弱，增加了飞机的有效迎角，提高了升力系数，减小了飞机的诱导阻力系数，如图 4-1 所示。

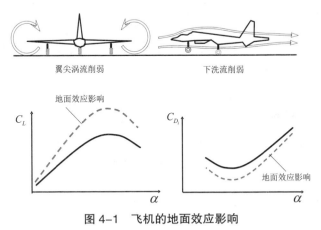

图 4-1　飞机的地面效应影响

飞机的起飞性能有起飞滑跑距离、起飞距离和离地速度；着陆性能有着陆距离、着陆滑跑距离和接地速度。起飞或着陆距离短、接地或离地速度低，则性能好。

4.1　起飞性能

飞机从地面起飞到稳定爬升的过程分为起飞滑跑、起飞上升、小迎角增速和稳定上升阶段，如图 4-2 所示。

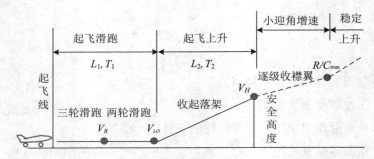

图 4-2　螺旋桨飞机的起飞过程示意图

飞机从松开刹车向前滑跑至机轮离开地面这段距离称为起飞滑跑距离，飞机先是三点滑跑，等加速到一定速度时，改成两点滑跑（前三点式抬前轮，后三点式抬尾轮），一直到离地为止。起飞离地时，为了避免失速，规定的离地速度 $V_{LO} = (1.1\sim1.15)V_s$。一般在起飞安全高度达到速度 $V_H = 1.3V_{LO}$，通常安全高度取 50 英尺（小飞机）或 35 英尺（大飞机），之后飞机以最佳爬升率速度稳定上升到指定高度。从机轮离开地面开始，至升高到起飞安全高度，飞机沿地平线所经过的距离，称为起飞上升距离。

飞机的起飞距离（Take-off distance）由起飞滑跑距离和起飞上升距离组成，起飞离地速度越小，起飞滑跑距离就越短，通过提高机翼的最大升力系数可以降低起飞离地速度；发动机的推力越大，飞机加速快，也会缩短地面滑跑距离。

4.1.1　起飞滑跑段距离

在起飞滑跑阶段，抬前轮（后三点式抬尾轮）前、后两段中飞机姿态不同，其迎角及升、阻系数也不同，也很难精确计算。近似地计算，需要首先假设滑跑过程中的两主轮着地，推力与地面平行，如图 4-3 所示，飞机受力

分析如下:

$$\frac{G}{g}\frac{\mathrm{d}V}{\mathrm{d}t}=T-D-F$$
$$N=G-L$$
$$F=fN$$

（4-1）

这里，f 为地面与机轮的摩擦系数，N 为地面对飞机的支持力，F 为地面对飞机的摩擦力。

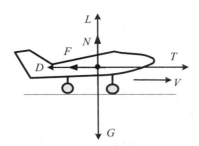

图 4-3 飞机地面滑跑受力示意图

在滑跑过程中，随着飞机速度的增加，作用在飞机上的各个力也在发生变化：速度增加，发动机推力减小，气动阻力增加，升力也增加，因而地面支撑力减小，地面的摩擦阻力减小，但包括摩擦阻力和气动阻力在内的飞机总阻力还是随着速度的增加而增加的，因此地面滑跑过程是一个加速度逐渐减小的加速过程。

对公式（4-1）进行积分，得到起飞滑跑时间和距离的表达式如下：

$$\begin{cases} T_1=\dfrac{1}{g}\displaystyle\int_0^{V_{LO}}\dfrac{\mathrm{d}V}{\dfrac{T}{G}-f-\dfrac{\rho V^2 S}{2G}(C_D-fC_L)} \\[4mm] L_1=\dfrac{1}{2g}\displaystyle\int_0^{V_{LO}}\dfrac{\mathrm{d}V^2}{\dfrac{T}{G}-f-\dfrac{\rho V^2 S}{2G}(C_D-fC_L)} \end{cases}$$

（4-2）

这里 V_{LO} 为离地速度。由此可见，增加推重比 T/G，减小摩擦系数 f，减小离地速度 V_{LO} 和 C_D-fC_L，可以缩短地面滑跑距离。因此，飞机起飞时需尽快获取能量，并产生足够大的升力系数。

飞机离地条件为 $G=L+T_a\sin(\alpha_{LO}+\varphi_T)\approx L$，这里 φ_T 为发动机的安装角，

α_{LO} 为离地迎角，则离地速速 V_{LO} 为：

$$V_{LO} = \sqrt{\frac{2G}{\rho S C_{L_{LO}}}}$$　　　　（4-3）

这里离地升力系数 $C_{L_{LO}}$ 的选择受离地迎角的限制。离地最大迎角 $\alpha_{LO} = \min\{\alpha_{tg}, \alpha_{sh}\}$，即：

（1）$C_{L_{LO}} \leqslant C_{L_{sh}} = (0.8 \sim 0.85) C_{L_{max}}$

（2）$C_{L_{LO}} \leqslant C_{L_{\alpha_{tg}}}$

其中 α_{tg} 为护尾迎角，该角度保证起飞时飞机的尾部不会碰撞地面，$C_{L_{\alpha_{tg}}}$ 为护尾迎角下获得的升力系数，如图 4-4 所示。

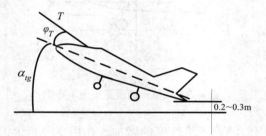

图 4-4　飞机的起飞离地护尾迎角示意图

4.1.2　起飞上升段距离

基于能量守恒法，建立飞机起飞上升段的运动方程为：

$$\frac{G}{2g} V_H^2 + HG = \frac{G}{2g} V_{LO}^2 + \int_0^{L_2} (T - D) \mathrm{d}L$$

$$= \frac{G}{2g} V_{LO}^2 + (T - D)_{av} L_2$$　　　　（4-4）

这里 $(\ )_{av}$ 代表平均值，是一种性能的近似求解方法，用离地点和到安全高度的两个端点的中值代替起飞过程的平均值，有 $(T - D)_{av} = \frac{1}{2}[(T - D)_{V=V_{LO}} + (T - D)_{V=V_H}]$，$L \approx G$ 和 $V_{av} = \frac{1}{2}(V_H + V_{LO})$。飞机在两端点存在构型和地效的变化，见图 4-5。

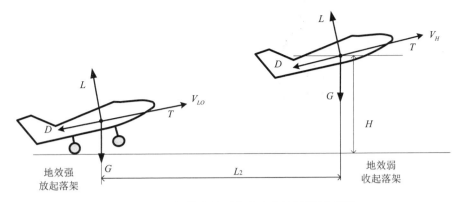

图 4-5　飞机从离地到安全高度的过程示意图

由公式（4-4）可以推导出：

$$L_2 = \frac{G}{(T-D)_{av}}\left(\frac{V_H^2 - V_{LO}^2}{2g} + H\right)$$

$$T_2 = \frac{L_2}{V_{av}}$$

（4-5）

结合公式（4-2）和公式（4-5），可见为了尽快加速飞机达到离地要求和安全高度，需要增升、减阻、大推进。

影响起飞性能的外界因素主要有：

（1）下坡有利于起飞加速；

（2）逆风有利于减小地速（机场跑道与常年风向相一致）；

（3）机场高度增加、温度增加，影响发动机的性能，对起飞不利。

4.2　着陆性能

飞机从 50 英尺安全高度过跑道头开始，下降过渡到接地滑跑，直至完全停止的整个减速运动过程称为着陆。着陆是飞机高度不断降低、速度不断减小的运动过程。图 4-6 给出小型螺旋桨飞机着陆阶段示意图，按下滑、拉平、平飘、飘落接地、滑跑 5 个阶段进行，喷气式飞机由于下沉速度大，没有平飘阶段。

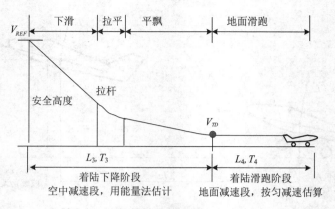

图 4-6　飞机着陆阶段示意图

着陆下降距离是指飞机从进场安全高度到接地点之间的水平距离。飞机的着陆滑跑距离是飞机从接地点滑跑开始到在跑道上完全停止所经过的距离。飞机的着陆距离（Landing distance）包括着陆下降距离和着陆滑跑距离。着陆滑跑距离决定于接地速度和平均减速度。

4.2.1　着陆下降段距离

参考速度 V_{REF} 是飞机下降至离地安全高度时（一般在跑道入口处）的瞬时速度，它与飞机的着陆速度 V_{TD} 有关，通常 $V_{REF} = 1.3 V_{TD}$。飞机返回地面的着陆速度取决于最大升力系数，着陆速度越小飞行越安全。飞机安全落地条件为：

$$V_{TD} = k_1 \sqrt{\frac{2G}{\rho S C_{L_{TD}}}} \qquad (4-6)$$

这里 V_{TD} 为接地速度，$C_{L_{TD}} = \min\{C_{L_{\alpha_{tg}}}, C_{L_{sh}}\}$ 为飞机着陆时的最大允许升力系数；为了保证飞机能够安全着陆，选取 $k_1 = 0.9\sim0.95$。

飞机着陆下降阶段如图 4-7 所示，飞机的推力近似为零，同样采用能量守恒方法建立飞机着陆下降段的运动方程为：

$$\frac{G}{2g} V_{REF}^2 + HG = \frac{G}{2g} V_{TD}^2 + D_{av} L_3 \qquad (4-7)$$

这里 D_{av} 为该阶段所受到的平均阻力，进而可以推导出：

$$\begin{cases} L_3 = \dfrac{G}{D_{av}}\left(\dfrac{V_{REF}^2 - V_{TD}^2}{2g} + H\right) \approx K_{av}\left(\dfrac{V_{REF}^2 - V_{TD}^2}{2g} + H\right) \\ T_3 = \dfrac{L_3}{V_{av}} = \dfrac{L_3}{\dfrac{1}{2}(V_{REF} + V_{TD})} \end{cases} \qquad (4\text{-}8)$$

这里的平均升阻比 $K_{av} = \dfrac{1}{2}(K_H + K_{TD})$，可见减小平均升阻比 K_{av} 和提高接地速度 V_{TD} 都会减小空中段距离。

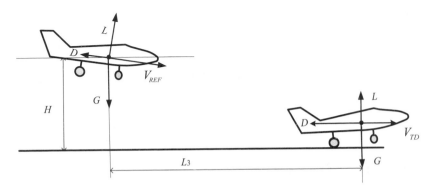

图 4-7　飞机的着陆下降阶段示意图

4.2.2　着陆滑跑阶段距离

着陆滑跑阶段，没有推力作用，忽略升力，采用受力分析方法建立该阶段的运动方程如下：

$$\begin{aligned} a_{av} &= -\frac{g}{G}(D + F)_{av} \\ &= -\frac{g}{2G}\left(\frac{G}{K_{TD}} + fG\right) \\ &= -\frac{g}{2}\left(f + \frac{1}{K_{TD}}\right) \end{aligned} \qquad (4\text{-}9)$$

这里 $(D + F)_{av} = \dfrac{1}{2}(D + F)_{TD}$，则有：

$$L_4 = -\frac{V_{TD}^2}{2a_{av}} = \frac{V_{TD}^2}{g\left(f + \dfrac{1}{K_{TD}}\right)}$$

$$T_4 = -\frac{V_{TD}}{a_{TD}} = \frac{2V_{TD}}{g\left(f + \dfrac{1}{K_{TD}}\right)}$$

（4-10）

由此可见，虽然提高接地速度 V_{TD} 会减小着陆下降段距离，但会使地面滑跑距离增长，因为着陆滑跑距离短更重要，所以要求接地速度 V_{TD} 越小越好。

在飞机起飞和着陆性能中，机翼的最大可能的升力系数十分重要，因此目前有许多飞机除了采用增升效果好的襟翼之外，还采用各种附面层控制的办法来提高飞机的最大升力系数，改善飞机的起落性能。为了缩短着陆滑跑距离，现代的高速飞机几乎都采用阻力伞和反推力装置等多方面制动。除此之外，上坡、逆风也有利于着陆，机场高度的增加不利于着陆，温度变化对着陆性能（发动机慢车）影响不大。

4.3　起飞 / 着陆性能表

实际飞行中，对于给定的机场条件和机型，可以查阅该机型的起飞 / 着陆性能图，直接获得不同条件下的起飞 / 着陆性能；或者是根据起飞 / 着陆性能表，通过插值计算得到飞机所需的起飞和着陆距离。下面的计算起飞性能实例给出查表计算的步骤。

例题：某机场气压高度为 2800 英尺，机场气温为 1.4℃，起飞重量为 1984 磅，起飞襟翼为 10 度，确定其起飞滑跑距离和起飞距离。表 4-1 给出该型号飞机在给定重量、构型和风场条件下对应离地速度的起飞性能，查表计算步骤如下：

（1）首先，机场的压力高度为 2800 英尺，需要对高度 2000 英尺和 4000 英尺列进行线性插值，得到高度 2800 英尺的数据列；

然后根据在 11 千米以下，高度每增高 1000 英尺，温度降低 2℃，推算出在气压高度为 2800 英尺的机场处 ISA 标准温度应为：

T=15℃ -2℃ /1000× 2800=9.4℃，所以机场的 ISA 偏差为 ISA-8；

（2）最后对 ISA-20 和 ISA 行进行线性插值，即可得到 ISA-8 条件下的起飞性能，即起飞滑跑距离为 596.8 英尺，50 英尺起飞距离为 1128.8 英尺。

表 4-1　某飞机起飞性能表

（离地速度 58KIAS，50 英尺速度 65KIAS，重量 1984 磅，襟翼 10 度，无风）

温度（℃）　距离（ft）	气压高度（ft）	0	2000	2800	4000	6000	8000
ISA-20	滑跑距离	440	505	535	580	675	785
ISA-20	50ft 起飞距离	830	950	1010	1100	1290	1525
ISA-8	滑跑距离			586.8			
ISA-8	50ft 起飞距离			1128.8			
ISA	滑跑距离	520	600	638	695	810	950
ISA	50ft 起飞距离	980	1130	1208	1325	1570	1885
ISA+20	滑跑距离	615	710		835	965	1130
ISA+20	50ft 起飞距离	1150	1335		1580	1895	2320

注：KIAS 表示指示空速，单位：节。

重要概念回顾

［1］飞行性能研究对象模型特点

［2］小时耗油量

［3］公里耗油量

［4］载荷系数

［5］续航半径

［6］久航速度

［7］静升限

［8］机动性

［9］能量高度

［10］转弯机动性

［11］增加飞机机动性能途径

［12］影响飞机起飞／着陆性能因素

第三部分

飞机的稳定性和操纵性

导 读

　　飞机的稳定性是指飞机受到小扰动（包括阵风和偶然不当的操纵）后，偏离原平衡状态，并在扰动消失后不经驾驶员操纵能自动恢复原平衡状态的趋势（静稳定性），以及在扰动源消失后，飞机最终能够渐进地恢复到原平衡状态的能力（动稳定性）。飞机的操纵性是指飞机保持平衡状态时所需要施加的操纵量大小，即配平（静操纵性）和飞机改变飞行状态的能力，即对操纵输入的响应（动操纵性）。

　　研究飞机的稳定性和操纵性属于质点系动力学范围，需要同时考虑力和力矩的平衡。当飞机稳态飞行时，可将其空间运动分解为在对称平面内的纵向运动和在水平面内的横侧向运动，因此飞机的稳定性和操纵性可以简化为分别研究飞机的纵向和横侧向稳定性和操纵性。

　　飞机运动时所受的力矩主要分为稳定力矩、阻尼力矩、交叉力矩、干扰力矩和操纵力矩。与气流角相关的空气动力矩为稳定力矩，由平尾和垂尾提供；与速度有关的空气动力矩为阻尼力矩，由角速度、舵偏速率、洗流时差导致；飞机的偏航和滚转耦合产生交叉力矩，交叉力矩大小与机身角速度、垂尾和机翼的安装角度有关；干扰力矩由发动机转子和螺旋桨副作用产生；操纵力矩是由舵面偏转产生的。

第5章　飞机的动力学方程

5.1　非线性运动方程

研究稳定性和操纵性时，通常把飞机看作刚体，建立飞机受力和力矩的平衡方程。依据理论力学中的点速度合成理论可以推导飞机的动力学方程，这里飞机的机体坐标系为动系，地面坐标系为定系。飞机上任一质点 P，在机体坐标系下的位置为 $\mathbf{P_O} = [\ P_x\ P_y\ P_z\ ]^T$。由于其固定于机身，相对机体坐标系原点的运动速度 $\dot{\mathbf{P}}_\mathbf{O} = [\ 0\ 0\ 0\ ]^T$，当飞机坐标系绕自己轴线转动角速度 $\omega = [\ p\ q\ r\ ]^T$ 时，则点 P 产生了相对于机体坐标系原点的相对速度，其在机体坐标系下表示为 $\omega \times \mathbf{P_O}$。机体坐标系相对于惯性坐标系的运动速度为牵连速度，其在机体坐标系下表示为 $\mathbf{V_O} = [\ u\ v\ w\ ]^T$，因此点 P 相对于惯性坐标系的绝对速度在机体坐标系下表示为：$\mathbf{V_P} = \mathbf{V_O} + \omega \times \mathbf{P_O}$。对此式求导可以得到点 P 的加速度：

$$
\begin{aligned}
\dot{\mathbf{V}}_\mathbf{P} &= \dot{\mathbf{V}}_\mathbf{O} + \dot{\omega} \times \mathbf{P_O} + \omega \times \dot{\mathbf{P}}_\mathbf{O} + \omega \times (\mathbf{V_O} + \omega \times \mathbf{P_O}) \\
&= \begin{bmatrix} \dot{u} \\ \dot{v} \\ \dot{w} \end{bmatrix} + \begin{bmatrix} \dot{p} \\ \dot{q} \\ \dot{r} \end{bmatrix} \times \begin{bmatrix} P_x \\ P_y \\ P_z \end{bmatrix} + \begin{bmatrix} p \\ q \\ r \end{bmatrix} \times \left(\begin{bmatrix} u \\ v \\ w \end{bmatrix} + \begin{bmatrix} p \\ q \\ r \end{bmatrix} \times \begin{bmatrix} P_x \\ P_y \\ P_z \end{bmatrix} \right) \\
&= \begin{bmatrix} \dot{u} - vr + wq - P_x(q^2 + r^2) + P_y(pq - \dot{r}) + P_z(pr + \dot{q}) \\ \dot{v} - wp + ur - P_y(p^2 + r^2) + P_z(qr - \dot{p}) + P_x(pq + \dot{r}) \\ \dot{w} - uq + vp - P_z(q^2 + p^2) + P_x(rp - \dot{q}) + P_y(rq + \dot{p}) \end{bmatrix}
\end{aligned} \tag{5-1}
$$

其中 $\dot{\mathbf{V}}_\mathbf{O} + \dot{\omega} \times \mathbf{P_O} + \omega \times \dot{\mathbf{P}}_\mathbf{O}$ 为质点 P 相对于机体坐标系原点的相对加速度，$\omega \times (\mathbf{V_O} + \omega \times \mathbf{P_O})$ 为机体坐标系相对于惯性坐标系的牵连加速度。

假设飞机上质点 P 代表的质量为 $\mathrm{d}m_{\mathrm{P}}$，作用于 $\mathrm{d}m_{\mathrm{P}}$ 的外力 $\mathrm{d}\mathbf{F_P} = \dot{\mathbf{V}}_{\mathbf{P}}\mathrm{d}m_{\mathrm{P}}$，对于机体坐标系原点的力矩 $\mathrm{d}\mathbf{M_P}$ 为：

$$\mathrm{d}\mathbf{M_P} = \mathbf{P_O}\times \mathrm{d}\mathbf{F_P} = \mathbf{P_O}\times \dot{\mathbf{V}}_{\mathbf{P}}\mathrm{d}m_{\mathrm{P}} \qquad (5\text{-}2)$$

在飞机体积 ∇ 范围内积分得到飞机整体对原点的力矩 $\mathbf{T}$ 为：

$$
\begin{aligned}
\mathbf{T} = \int_{\nabla}\mathrm{d}\mathbf{M_P} &= \int_{\nabla}\mathbf{P_O}\times \dot{\mathbf{V}}_{\mathbf{P}}\,dm_{\mathrm{P}}\\[4pt]
&= \int_{\nabla}\begin{bmatrix}P_x\\ P_y\\ P_z\end{bmatrix}\times\begin{bmatrix}\dot{u}-vr+wq-P_x(q^2+r^2)+P_y(pq-\dot{r})+P_z(pr+\dot{q})\\ \dot{v}-wp+ur-P_y(p^2+r^2)+P_z(qr-\dot{p})+P_x(pq+\dot{r})\\ \dot{w}-uq+vp-P_z(q^2+p^2)+P_x(rp-\dot{q})+P_y(rq+\dot{p})\end{bmatrix}dm_{\mathrm{P}}\\[4pt]
&= \int_{\nabla}\begin{bmatrix}P_y(\dot{w}-uq+vp)-P_y P_z(q^2+p^2)+P_y P_x(rp-\dot{q})+P_y^2(rq+\dot{p})-P_z(\dot{v}-wp+ur)+P_z P_y(p^2+r^2)-P_z^2(qr-\dot{p})-P_x P_z(pq+\dot{r})\\ P_z(\dot{u}-vr+wq)-P_z P_x(q^2+r^2)+P_z P_y(pq-\dot{r})+P_z^2(pr+\dot{q})-P_x(\dot{w}-uq+vp)+P_x P_z(q^2+p^2)-P_x^2(rp-\dot{q})-P_x P_y(rq+\dot{p})\\ P_x(\dot{v}-wp+ur)-P_x P_y(p^2+r^2)+P_x P_z(qr-\dot{p})+P_x^2(pq+\dot{r})-P_y(\dot{u}-vr+wq)+P_y P_x(q^2+r^2)-P_y^2(pq-\dot{r})-P_y P_z(pr+\dot{q})\end{bmatrix}dm_{\mathrm{P}}\\[4pt]
&= \int_{\nabla}\begin{bmatrix}P_y(\dot{w}-uq+vp)-P_z(\dot{v}-wp+ur)+P_z P_y(r^2-q^2)+P_y P_x(rp-\dot{q})-P_x P_z(pq+\dot{r})+(P_y^2-P_z^2)rq+(P_y^2+P_z^2)\dot{p}\\ P_z(\dot{u}+qw-rv)-P_x(\dot{w}+pv-qu)+P_x P_z(p^2-r^2)+P_z P_y(pq-\dot{r})-P_x P_y(rq+\dot{p})+(P_z^2-P_x^2)rp+(P_z^2+P_x^2)\dot{q}\\ P_x(\dot{v}+ru-pw)-P_y(\dot{u}+qw-rv)+P_x P_y(q^2-p^2)+P_x P_z(qr-\dot{p})-P_y P_z(pr+\dot{q})+(P_x^2-P_y^2)pq+(P_x^2+P_y^2)\dot{r}\end{bmatrix}dm_{\mathrm{P}}\\[4pt]
&= \begin{bmatrix}my_G(\dot{w}-uq+vp)-mz_G(\dot{v}-wp+ur)+I_{zy}(r^2-q^2)+I_{yx}(rp-\dot{q})-I_{xz}(pq+\dot{r})+(I_z-I_y)rq+I_x\dot{p}\\ mz_G(\dot{u}+qw-rv)-mx_G(\dot{w}+pv-qu)+I_{xz}(p^2-r^2)+I_{yz}(pq-\dot{r})-I_{xy}(rq+\dot{p})+(I_x-I_z)rp+I_y\dot{q}\\ mx_G(\dot{v}+ru-pw)-my_G(\dot{u}+qw-rv)+I_{xy}(q^2-p^2)+I_{xz}(qr-\dot{p})-I_{yz}(pr+\dot{q})+(I_y-I_x)pq+I_z\dot{r}\end{bmatrix}
\end{aligned}\qquad (5\text{-}3)
$$

其中 $m = \int_{\nabla}\mathrm{d}m_{\mathrm{P}}$，$mx_G = \int_{\nabla}P_x\mathrm{d}m_{\mathrm{P}}$，$my_G = \int_{\nabla}P_y\mathrm{d}m_{\mathrm{P}}$，$mz_G = \int_{\nabla}P_z\mathrm{d}m_{\mathrm{P}}$。

质量 m 对 $o_b x_b$、$o_b y_b$ 和 $o_b z_b$ 轴的转动惯量分别为：

$$
\begin{aligned}
I_x &= \sum m_{\mathrm{P}}(P_z^2+P_y^2) = \int_{\nabla}\left(P_y^2+P_z^2\right)\mathrm{d}m_{\mathrm{P}}\\
I_y &= \sum m_{\mathrm{P}}(P_z^2+P_x^2) = \int_{\nabla}\left(P_z^2+P_x^2\right)\mathrm{d}m_{\mathrm{P}}\\
I_z &= \sum m_{\mathrm{P}}(P_x^2+P_y^2) = \int_{\nabla}\left(P_x^2+P_y^2\right)\mathrm{d}m_{\mathrm{P}}
\end{aligned}\qquad (5\text{-}4)
$$

质量 m 对 $x_b o_b y_b$，$x_b o_b z_b$，$y_b o_b z_b$ 平面的惯性积分别为：

$$
\begin{aligned}
I_{xy} &= \sum m_{\mathrm{P}}P_x P_y = \int_{\nabla}P_x P_y\mathrm{d}m_{\mathrm{P}}\\
I_{xz} &= \sum m_{\mathrm{P}}P_x P_z = \int_{\nabla}P_x P_z\mathrm{d}m_{\mathrm{P}}\\
I_{yz} &= \sum m_{\mathrm{P}}P_z P_y = \int_{\nabla}P_z P_y\mathrm{d}m_{\mathrm{P}}
\end{aligned}\qquad (5\text{-}5)
$$

当点 P 和机体坐标系原点重合 $\mathbf{P_O} = [\,0\ 0\ 0\,]^{\mathrm{T}}$ 时，公式（5-1）可简化为：

$$\dot{\mathbf{V}}_{\mathbf{O}} = \begin{bmatrix}\dot{u}-vr+wq\\ \dot{v}-wp+ur\\ \dot{w}-uq+vp\end{bmatrix}\qquad (5\text{-}6)$$

则飞机质心的受力方程可以表示为：

$$m\dot{\mathbf{V}}_{\mathbf{O}} = \mathbf{F} \tag{5-7}$$

这里 $\mathbf{F} = [\, X \ Y \ Z \,]^{\mathrm{T}}$，为飞机在机体坐标系下所受到的三轴方向的外力。

通常飞机相对于 $x_b o_b z_b$ 平面对称，有 $I_{yz} = 0$，$I_{xy} = 0$。当飞机的质心和机体坐标系原点重合时，有 $\mathbf{R}_G = [\, x_G \ y_G \ z_G \,]^{\mathrm{T}} = [\, 0 \ 0 \ 0 \,]^{\mathrm{T}}$，简化公式（5-3），获得机体坐标系下质心的姿态运动方程：

$$\mathbf{T} = \begin{bmatrix} I_x \dot{p} - I_{xz} \dot{r} + qr(I_z - I_y) - I_{xz} pq \\ I_y \dot{q} + rp(I_x - I_z) + I_{xz}(p^2 - r^2) \\ -I_{xz} \dot{p} + I_z \dot{r} + pq(I_y - I_x) + I_{xz} qr \end{bmatrix} \tag{5-8}$$

这里 $\mathbf{T} = [\, L \ M \ N \,]^{\mathrm{T}}$ 为飞机在机体坐标系下所受到绕三轴的力矩。

飞机受到的外力为重力、升力、阻力和发动机的推力，重力作用于质心，在机体坐标系三轴有分量，但不产生重力力矩。假设飞机的发动机安装在飞机横向水平面内，且纵向的安装角很小，因此发动机只产生纵向的推力。所以飞机的外力和力矩在机体坐标系下的表达式可简化为：

$$\begin{aligned}
X &= T + X_a - mg \sin \theta \\
Y &= Y_a + mg \cos \theta \sin \phi \\
Z &= Z_a + mg \cos \theta \cos \phi \\
L &= L_a \\
M &= M_a \\
N &= N_a
\end{aligned} \tag{5-9}$$

其中 L_a、M_a 和 N_a 为飞机受到的气动力矩。

因此，机体坐标系下飞机六自由度非线性方程简化为：

$$\begin{cases}
T + X_a - mg \sin \theta = m(\dot{u} - vr + wq) \\
Y_a + mg \cos \theta \sin \phi = m(\dot{v} - wp + ur) \\
Z_a + mg \cos \theta \cos \phi = m(\dot{w} - uq + vp) \\
L_a = I_x \dot{p} - I_{xz}(pq + \dot{r}) + (I_z - I_y)rq \\
M_a = I_y \dot{q} + I_{xz}(p^2 - r^2) + (I_x - I_z)rp \\
N_a = I_z \dot{r} + I_{xz}(qr - \dot{p}) + (I_y - I_x)pq
\end{cases} \tag{5-10}$$

依据飞机机体坐标系的方向定义，这里有 $X_a = -D$，$Y_a = 0$，$Z_a = -L$。

以上力和力矩的平衡方程都是在机体坐标系下建立的。在机体坐标系建立动力学方程的优点有：

（1）可利用飞机的对称面特点，有 $I_{yz} = 0$，$I_{xy} = 0$，从而可以使方程简化；

（2）在飞机重量不变时，飞机相对于机体坐标系的转动惯量和惯性积是常数；

（3）机体坐标系的姿态角和角速度就是飞机的姿态角和角速度，可通过安装在飞机上的位置陀螺和角速度陀螺直接测量获得。

5.2 运动方程解耦

飞机的运动分为基准运动和扰动运动。基准运动是指飞机在平衡点条件下的运动，飞机在平衡条件下受到的合外力和力矩为零，有 $\dot{u} = \dot{v} = \dot{w} = \dot{p} = \dot{q} = \dot{r} \equiv 0$，且飞机的飞行速度和控制量不变。

因为飞机具有对称面，其质量和外形都近似对称，假设基准运动为对称定直飞行（在对称平面内，且做等速直线运动），有 $\beta = \mu \equiv 0$，则可以近似地认为纵向气动力和力矩（X，Z，M）是纵向状态参数（u，w，q，α；δ_e）的函数；横侧向气动力和力矩即（Y，L，N）是横侧向状态参数（v，p，r，β；δ_r，δ_a）的函数。在以上条件下飞机的运动方程可以解耦为纵向和横侧向运动方程：

$$
\begin{cases}
T + X_a - mg\sin\theta = m(\dot{u} - vr + wq) \\
Z_a + mg\cos\theta\cos\phi = m(\dot{w} - uq + vp) \\
M_a = I_y\dot{q} + I_{xz}(p^2 - r^2) + (I_x - I_z)rp
\end{cases}
$$

$$
\begin{cases}
Y_a + mg\cos\theta\sin\phi = m(\dot{v} - wp + ur) \\
L_a = I_x\dot{p} - I_{xz}(pq + \dot{r}) + (I_z - I_y)rq \\
N_a = I_z\dot{r} + I_{xz}(qr - \dot{p}) + (I_y - I_x)pq
\end{cases}
\quad (5\text{-}11)
$$

在基准运动条件下，飞机受扰动（大气紊流、发动机变化）后飞行器偏离平衡条件产生扰动运动。在小扰动（扰动运动的幅值远小于基准运动的幅值）的假设条件下，扰动产生的外力变化可以认为与飞行状态参数的变化量呈线性关系，即

$$\Delta X_a = X_u \Delta u + X_w \Delta w + X_{\delta_e} \Delta \delta_e$$
$$\Delta T = X_{\delta_o} \Delta \delta_o$$
$$\Delta Z_a = Z_u \Delta u + Z_w \Delta w + Z_{\dot{w}} \Delta \dot{w} + Z_q \Delta q$$
$$\Delta Y_a = Y_v \Delta v + Y_p \Delta p + Y_r \Delta r \tag{5-12}$$
$$\Delta N_a = N_v \Delta v + N_p \Delta p + N_r \Delta r + N_{\delta_r} \Delta \delta_r + N_{\delta_a} \Delta \delta_a$$
$$\Delta M_a = M_u \Delta u + M_w \Delta w + M_{\dot{w}} \Delta \dot{w} + M_q \Delta q + M_{\delta_e} \Delta \delta_e$$
$$\Delta L_a = L_v \Delta v + L_p \Delta p + L_r \Delta r + L_{\delta_r} \Delta \delta_r + L_{\delta_a} \Delta \delta_a$$

这里 Δ 代表扰动量。那么受扰动后飞机解耦的小扰动运动方程可以表示为：

$$\begin{cases} m\Delta \dot{u} = X_u \Delta u + X_w \Delta w - mg \cos\theta_0 \Delta\theta + X_{\delta_e} \Delta\delta_e + X_{\delta_o} \Delta\delta_o \\ m\Delta\dot{w} - mu_0\Delta q = Z_u \Delta u + Z_w \Delta w + Z_{\dot{w}}\Delta\dot{w} + Z_q\Delta q - mg\sin\theta_0\Delta\theta + Z_{\delta_e}\Delta\delta_e + Z_{\delta_o}\Delta\delta \\ I_y\Delta\dot{q} = M_u\Delta u + M_w\Delta w + M_{\dot{w}}\Delta\dot{w} + M_q\Delta q + M_{\delta_e}\Delta\delta_e + M_{\delta_o}\Delta\delta_o \end{cases} \tag{5-13}$$

$$\begin{cases} m\Delta\dot{v} + mu_0\Delta r = Y_v\Delta v + Y_r\Delta r + Y_p\Delta p + mg\cos\theta_0\Delta\phi + Y_{\delta_r}\Delta\delta_r \\ I_x\Delta\dot{p} - I_{xz}\Delta r = L_v\Delta v + L_r\Delta r + L_p\Delta p + L_{\delta_a}\Delta\delta_a + L_{\delta_r}\Delta\delta_r \\ I_z\Delta\dot{r} - I_{xz}\Delta p = N_v\Delta v + N_r\Delta r + N_p\Delta p + N_{\delta_a}\Delta\delta_a + N_{\delta_r}\Delta\delta_r \end{cases} \tag{5-14}$$

进一步简化整理为小扰动状态方程形式：

$$\begin{bmatrix} m & 0 & 0 & 0 \\ 0 & m-Z_{\dot{w}} & 0 & 0 \\ 0 & -M_{\dot{w}} & I_y & 0 \\ 0 & 0 & 0 & 1 \end{bmatrix} \begin{bmatrix} \Delta\dot{u} \\ \Delta\dot{w} \\ \Delta\dot{q} \\ \Delta\dot{\theta} \end{bmatrix}$$
$$= \begin{bmatrix} X_u & X_w & 0 & -mg\cos\theta_0 \\ Z_u & Z_w & Z_q+mu_0 & -mg\sin\theta_0 \\ M_u & M_w & M_q & 0 \\ 0 & 0 & 1 & 0 \end{bmatrix} \begin{bmatrix} \Delta u \\ \Delta w \\ \Delta q \\ \Delta\theta \end{bmatrix} + \begin{bmatrix} X_{\delta_e} & X_{\delta_o} \\ Z_{\delta_e} & Z_{\delta_o} \\ M_{\delta_e} & M_{\delta_o} \\ 0 & 0 \end{bmatrix} \begin{bmatrix} \Delta\delta_e \\ \Delta\delta_o \end{bmatrix} \tag{5-15}$$

$$\begin{bmatrix} m & 0 & 0 & 0 & 0 \\ 0 & I_x & -I_{xz} & 0 & 0 \\ 0 & -I_{xz} & I_z & 0 & 0 \\ 0 & 0 & 0 & 1 & 0 \\ 0 & 0 & 0 & 0 & 1 \end{bmatrix} \begin{bmatrix} \Delta\dot{v} \\ \Delta\dot{p} \\ \Delta\dot{r} \\ \Delta\dot{\phi} \\ \Delta\dot{\psi} \end{bmatrix}$$
$$= \begin{bmatrix} Y_v & Y_p & Y_r-mu_0 & mg\cos\theta_0 & 0 \\ L_v & L_p & L_r & 0 & 0 \\ N_v & N_p & N_r & 0 & 0 \\ 0 & 1 & 0 & 0 & 0 \\ 0 & 0 & 1 & 0 & 0 \end{bmatrix} \begin{bmatrix} \Delta v \\ \Delta p \\ \Delta r \\ \Delta\phi \\ \Delta\psi \end{bmatrix} + \begin{bmatrix} Y_{\delta_r} & 0 \\ L_{\delta_r} & L_{\delta_a} \\ N_{\delta_r} & L_{\delta_a} \\ 0 & 0 \\ 0 & 0 \end{bmatrix} \begin{bmatrix} \Delta\delta_r \\ \Delta\delta_a \end{bmatrix} \tag{5-16}$$

公式（5-15）和公式（5-16）分别称为飞机的纵向和横侧向小扰动线性化运动方程，简称"状态方程"。可以基于该方程分别对飞机在平衡点附近的纵向和横侧向稳定性和操纵性进行分析。

5.3 运动方程的解

在稳态飞行状态下，飞机的扰动方程可以写为标准常系数微分方程形式：

$$\dot{\mathbf{X}} = \mathbf{AX} + \mathbf{BU} \tag{5-17}$$

依据微分方程理论，齐次微分方程 $\dot{\mathbf{X}} = \mathbf{AX}$ 的解和系数矩阵的 $\mathbf{A}$ 特征值有关系，因此需要求取 $\mathbf{A}$ 的特征值，它包括实特征根 λ_j 或复特征根 $\lambda_k = n_k \pm i\omega_k$ 形式，每一个特征值代表一种简单的运动，称为运动的模态。

对于实型特征根 λ_j，其代表的运动形式为：

$$x = e^{\lambda_j t} \tag{5-18}$$

对于复型特征根 $\lambda_k = n_k \pm i\omega_k$，其代表的运动形式为：

$$x = e^{n_k t} \sin(\omega_k t \pm \varphi) \tag{5-19}$$

其解的表现形式如图 5-1 所示。若 $\lambda_j < 0$ 或 $n_k < 0$，则运动是衰减的；若 $\lambda_j > 0$ 或 $n_k > 0$，则运动是发散的；若 $\lambda_j = 0$ 或 $n_k = 0$，运动是处于临界状态或者说是震荡的。可见，运动是否稳定只与特征值的实部有关。

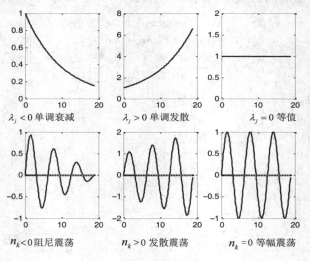

图 5-1 特征根与系统的动态响应

飞机运动状态的总变化量是各典型模态叠加的结果：

$$\mathbf{X}(t) = \mathbf{C}_1 e^{\lambda_1 t} + \mathbf{C}_2 e^{\lambda_2 t} + \cdots + \mathbf{C}_r e^{\lambda_r t} + \mathbf{A}_1 e^{n_1 t} \sin(\omega_1 t + \varphi_1)$$
$$+ \mathbf{A}_2 e^{n_2 t} \sin(\omega_2 t + \varphi_2) + \cdots + \mathbf{A}_s e^{n_s t} \sin(\omega_s t + \varphi_s) \tag{5-20}$$

非齐次线性微分方程的解等于齐次线性微分方程的通解加上一个特解。由于飞行器最终状态为稳态飞行，稳态时飞机状态的微分为零，有 $\mathbf{AX} = -\mathbf{BU}$，得 $\mathbf{X} = -\mathbf{A}\backslash(\mathbf{BU})$ 为一个特解。因此该非齐次方程的解形式如下：

$$\mathbf{X}(t) = \mathbf{C}_1 e^{\lambda_1 t} + \mathbf{C}_2 e^{\lambda_2 t} + \cdots + \mathbf{C}_r e^{\lambda_r t} + \mathbf{A}_1 e^{n_1 t} \sin(\omega_1 t + \varphi_1)$$
$$+ \mathbf{A}_2 e^{n_2 t} \sin(\omega_2 t + \varphi_2) + \cdots + \mathbf{A}_s e^{n_s t} \sin(\omega_s t + \varphi_s) - \mathbf{A}\backslash(\mathbf{BU}) \tag{5-21}$$

其中 $\lambda_1 \cdots \lambda_r$ 为 r 个实根，$n_1 \pm i\omega_1 \cdots n_s \pm i\omega_s$ 为 s 对复根，系数 $\mathbf{C}_i$，φ_i，$\mathbf{A}_i$ 是和初始条件有关的系数。

5.4　运动的稳定性

运动的稳定性是指物体处于平衡状态时受到的外力扰动消失后是否能够维持原平衡状态的能力。运动的稳定性是物体本身的属性，表现为物体所受到合力矩与运动状态的关系，数值上决定于状态方程（5-17）的 $\mathbf{A}$ 矩阵的特征值。物体受到扰动后产生的力矩主要包括稳定力矩和阻尼力矩，如图 5-2 所示。

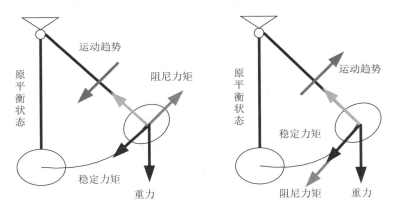

图 5-2　单摆的受力分析

稳定力矩是物体受扰偏离原平衡状态后自动出现的使物体回到原平衡状

态、方向始终指向原平衡位置的力矩。

阻尼力矩是物体受扰后的运动过程中自动出现的阻碍物体运动，始终与运动方向相反的力矩。

稳定性又分为两种状态：静稳定性和动稳定性。

（1）静稳定性

静稳定性研究物体受扰后的最初响应问题，即物体受扰后是否具有回到原平衡状态的趋势，如图 5-3 所示，分为三种状态：

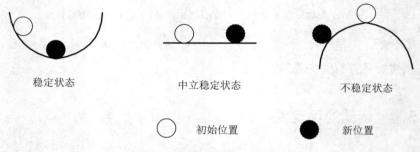

图 5-3　静稳定性的三种形式

当圆球处在坑内，对它稍加一点力就会使它离开原来的位置，但是这一外力一旦消失，它便会受重力的作用恢复到原来位置，这就是稳定状态；当圆球在水平平面上，受外力扰动后，能建立新的平衡状态叫中立稳定状态；当球处在凸包顶端，加力使它离开原来位置后，不能恢复到原来的位置上，这是不稳定状态。物体的静稳定性主要受稳定力矩的影响。

（2）动稳定性

动稳定性研究物体受扰运动的时间响应历程问题，通常研究扰动过程中出现的阻尼力矩能否使物体最终回到原平衡状态，如图 5-4 所示，同样分为三种状态：稳定（衰减）状态、中立（震荡）状态和不稳定（发散）状态。

飞机具有静稳定不一定就是稳定的，飞机的动稳定才是真正意义的稳定。一般来说，具有动稳定的飞机，也一定具有静稳定。

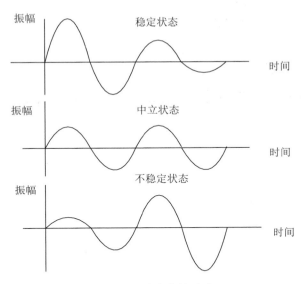

图 5-4　动稳定性形式

第6章 纵向稳定性和操纵性

6.1 纵向平衡

飞机的纵向平衡是指飞机受到围绕横轴的合俯仰力矩为零，如图6-1所示，飞机产生俯仰力矩的主要来源有机翼、水平尾翼和发动机的拉力（或推力），俯仰力矩的大小取决于飞机的重心位置、迎角和飞机的构型。

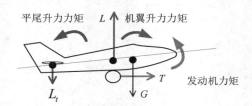

图6-1 飞机的纵向力矩平衡

6.2 气动中心

6.2.1 零升力矩

零升力矩是飞机升力为零时，产生的气动力矩。对于对称翼型，在零迎角条件下，机翼的升力在上下表面的作用力大小相等，方向相反，作用点相同，可以互相抵消，因此不产生零升气动力矩；对于有弯度的翼型，在某个迎角下，机翼的升力在上下表面的作用力大小相等，方向相反，但作用点不同，产生一个纯空气动力力偶矩，该力矩和作用点无关，称为机翼产生的零升气动力矩，如图6-2所示，图中+、−符号表示正负压力。

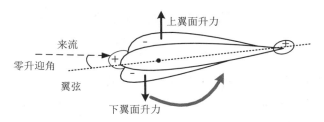

图 6-2 机翼产生的零升力矩

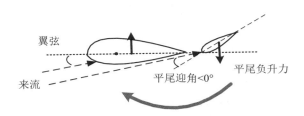

图 6-3 平尾产生的零升力矩

若平尾具有安装角，在某个飞行迎角下，翼身组合体产生一个正升力，而平尾产生一个负升力（力臂长），全机升力为零，但会产生一个正的抬头力矩，称为尾翼产生的零升气动力矩，如图 6-3 所示。

6.2.2　平均空气动力弦长

由于机翼为不规则形状，为了空气动力学计算简单，假想一个矩形翼，其面积、空气动力及俯仰特性与原机翼相同，如图 6-4 所示。

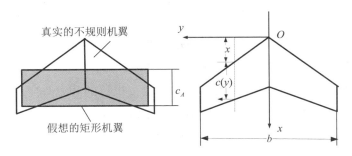

图 6-4　平均气动弦

由于假想矩形机翼的零升俯仰力矩与实际机翼的零升俯仰力矩相等，有：

$$M_{w_0} = C_{m_0} Q S c_A = 2 C_{m_0} Q \int_0^{b/2} c^2(y) \mathrm{d}y \qquad (6-1)$$

其中 M_{w_0} 为机翼产生的零升俯仰力矩，C_{m_0} 为假想机翼的零升俯仰力矩系数，也是实际机翼的零升俯仰力矩系数，c_A 为矩形机翼的弦长，又称为实际机翼的平均空气动力弦长（Mean aerodynamic chord，MAC），则有：

$$c_A = \frac{2}{S} \int_0^{b/2} c^2(y) \mathrm{d}y \qquad (6-2)$$

$$S = 2 \int_0^{b/2} c(y) \mathrm{d}y \qquad (6-3)$$

如果矩形机翼的长度取为实际机翼的展长 b，计算出的矩形机翼的弦长为平均几何弦长，用 $\bar{c}$（Mean geometric chord，MGC）表示：

$$\bar{c} = \frac{S}{b} \qquad (6-4)$$

由于只考虑面积相等的条件，一般采用平均几何弦长计算得到的矩形机翼不满足其零升俯仰力矩与实际机翼的零升俯仰力矩相等的条件。

6.2.3 气动中心

飞机各部件、燃油、乘员、货物等重力的合力组成飞机的重力。飞机重力的作用点叫作飞机的重心（Centre of gravity，CG）。重心的前后位置常用重心在某一特定翼弦上的投影到该翼弦前端的距离 x_G 表示，如图 6-5 所示。

压力中心（Center of pressure，CP）是指总的空气动力 R 的作用线与飞机纵轴的交点。常用压力中心在某一特定翼弦上的投影到该翼弦前端的距离 x_{cp} 表示。总的空气动力包括升力和阻力，如图 6-5 所示。

在零升力初始条件下，随着迎角的改变，机翼的升力改变，机翼升力增量的作用点称作翼型的气动中心（Aerodynamic centre，AC），又称作翼型的焦点，其位置常用气动中心在某一特定翼弦上（这里取平均空气动力弦长）的投影到该翼弦前端的距离 $x_{w_{ac}}$ 表示，如图 6-5 所示。

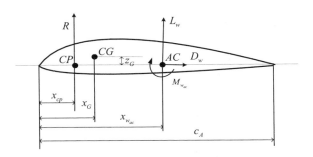

图 6-5　机翼翼型剖面受力分析

根据气动中心的定义，作用在机翼上的气动力可以表示成在焦点处作用的升力 L_w、阻力 D_w 和绕焦点的零升气动力矩 $M_{w_{ac}}$ 的形式，如图 6-5 所示。

在小迎角情况下，认为机翼的升力远远大于阻力 $L_w \gg D_w$，飞机重心的纵轴坐标远远大于其在垂轴上的坐标 $x_G \gg z_G$，如图 6-5 所示，有：

$$M_w = M_{w_{ac}} - L_w(x_{w_{ac}} - x_G) \tag{6-5}$$

两边除以参考当量 $\frac{1}{2}\rho V^2 S c_A$，求得机翼的俯仰力矩系数：

$$
\begin{aligned}
C_{m_w} &= \frac{M_w}{\frac{1}{2}\rho V^2 S c_A} = \frac{M_{w_{ac}}}{\frac{1}{2}\rho V^2 S c_A} - \frac{L_w(x_{w_{ac}} - x_G)}{\frac{1}{2}\rho V^2 S c_A} \\
&= C_{m_{w_{ac}}} - C_{L_w}\left(\frac{x_{w_{ac}}}{c_A} - \frac{x_G}{c_A}\right)
\end{aligned}
\tag{6-6}
$$

假设在小的迎角范围内，机翼的升力系数 C_{L_w} 与 α 呈线性关系，有 $C_{L_w} = C_{L_{w_\alpha}}(\alpha - \alpha_0)$，且俯仰力矩系数 C_{m_w} 与 α 呈线性关系：

$$C_{m_w} = C_{m_{w_0}} + C_{m_{w_\alpha}}(\alpha - \alpha_0) \tag{6-7}$$

这里 $C_{m_{w_\alpha}}$ 和 $C_{L_{w_\alpha}}$ 为常数，分别为机翼的俯仰力矩系数和升力系数随迎角改变的斜率。α_0 为零升迎角，当 $\alpha = \alpha_0$ 时，有 $C_{L_w} = 0$，$C_{m_w} = C_{m_{w_0}}$，$C_{m_{w_0}}$ 称为机翼的零升俯仰力矩系数，其产生的原因是由于机翼翼型存在弯度，机翼升力系数和俯仰力矩系数曲线如图 6-6 所示。

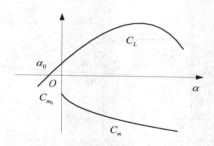

图6-6　机翼升力和俯仰力矩系数

把升力系数表达式代入公式（6-6），并与公式（6-7）比较得：

$$C_{m_{w_0}} + C_{m_{w\alpha}}(\alpha - \alpha_0) = C_{m_{w_{ac}}} - C_{L_w}\left(\frac{x_{w_{ac}}}{c_A} - \frac{x_G}{c_A}\right) = C_{m_{w_{ac}}} - C_{L_{w\alpha}}(\alpha - \alpha_0)\left(\frac{x_{w_{ac}}}{c_A} - \frac{x_G}{c_A}\right) \quad （6-8）$$

等式两边对应项相等，有：

$$C_{m_{w\alpha}} = C_{L_{w\alpha}}\left(\frac{x_G}{c_A} - \frac{x_{w_{ac}}}{c_A}\right) = C_{L_{w\alpha}}(h - h_{n_w})$$

$$C_{m_{w_0}} = C_{m_{w_{ac}}} \quad （6-9）$$

这里 $h = \dfrac{x_G}{c_A}$，$h_{n_w} = \dfrac{x_{w_{ac}}}{c_A}$ 分别为重心和机翼气动中心位置与平均空气动力弦长的比值。因为 $C_{m_{w\alpha}}$ 和 $C_{L_{w\alpha}}$ 为常数，则 $\dfrac{x_{w_{ac}}}{c_A}$ 为常数，因为 c_A 为定值，则 $x_{w_{ac}}$ 为定值，即焦点位置不随迎角改变而改变。焦点位置的计算式为：

$$x_{w_{ac}} = x_G - c_A \frac{C_{m_{w\alpha}}}{C_{L_{w\alpha}}} \quad （6-10）$$

由此可见焦点的位置和 c_A、$C_{m_{w\alpha}}$ 和 $C_{L_{w\alpha}}$ 的大小有关。

　　一般翼型为正弯度，故 $C_{m_{w_0}}$ 为负值。对于对称翼型，当 $\alpha_0 = 0$ 时，压力中心和焦点重合，翼型不产生升力和零升俯仰力矩，有 $C_{m_{w_0}} = 0$。

　　当飞机受扰动迎角变化时，不仅机翼产生附加升力，而且水平尾翼、机身等部分的迎角也要发生变化，也同样产生附加升力，飞机各部分附加升力的作用点称作全机焦点，如图6-7所示。

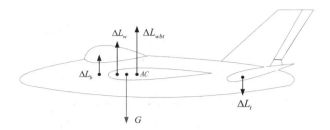

图 6-7　飞机产生纵向力矩的部件

则飞机全机的俯仰力矩系数可以表示为：

$$
\begin{aligned}
C_m &= C_{m_0} + C_{L_\alpha}(\alpha - \alpha_0)(h - h_n) \\
&= C_{m_0} + C_L(h - h_n) \\
&= C_{m_0} + C_{m_\alpha}(\alpha - \alpha_0)
\end{aligned}
\tag{6-11}
$$

这里 C_{m_0} 为全机的零升俯仰力矩系数，$C_{m_\alpha}(\alpha - \alpha_0)$ 为飞机的稳定力矩系数项，$C_{m_\alpha} = C_{L_\alpha}(h - h_n)$ 为稳定力矩系数的斜率，C_{L_α} 为全机的升力系数斜率，h 为全机的重心位置，h_n 为全机的焦点位置。

　　飞机的压力中心位置与飞行速度、翼型弯度、升力系数、舵偏角和迎角有关。随着迎角的改变，总气动力大小和压力中心位置都会发生改变，如图 6-8 所示，这对研究纵向力矩随迎角的变化十分不便。焦点的引入，迎角改变所引起的俯仰力矩增量完全由升力增量决定，而升力增量又是迎角的函数，因此迎角成为俯仰稳定力矩计算的唯一变量，如公式（6-11）所示。

　　飞机焦点位置和翼型弯度、迎角无关，但与如下因素有关：

　　（1）飞行马赫数影响：焦点的位置与机翼上下表面的压力分布有关。在亚声速时约为 1/4 平均气动弦长位置；在超声速时在 0.4~0.5 倍平均气动弦长的位置。

　　（2）飞机构型：平尾、襟翼、缝翼、起落架等的安装位置，纵向操纵系统的安装间隙和弹性间隙等会改变焦点的位置。

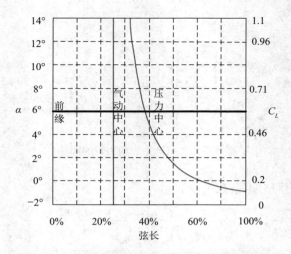

图 6-8　飞机焦点和压力中心随迎角的变化示意图

6.3　纵向静稳定性

6.3.1　迎角静稳定性

飞机在受外力干扰后，在无飞行员干预下，飞机的迎角和速度都发生改变。这里研究的迎角静稳定性是指飞机受外力干扰后且在假设速度不变的情况下，迎角变化引起的俯仰力矩变化所决定的静稳定性。

若当飞机受外力干扰而迎角增大时，飞机附加升力对飞机重心形成下俯的力矩，或当飞机受扰动而迎角减小时，飞机附加升力对飞机重心形成上仰的力矩，所产生的力矩有使飞机恢复原来迎角的趋势，则称飞机具有迎角静稳定性；反之，飞机则没有迎角静稳定性，如图 6-9 所示。

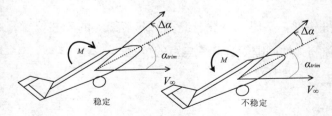

图 6-9　飞机纵向静稳定性示意图

由公式（6-11）可推出飞机的纵向迎角静稳定性条件：

$$C_{m_\alpha} = C_{L_\alpha}(h - h_n) < 0 \qquad (6\text{-}12)$$

这里 $C_{L_\alpha} > 0$，所以当 $h - h_n < 0$，即 $h < h_n$，即飞机焦点位于飞机重心之后，飞机具有迎角静稳定性。若飞机焦点位于重心之前，飞机就没有迎角静稳定性，例如当飞机受扰动迎角增大时，飞机附加升力对飞机重心形成上仰的力矩，迫使迎角更加增大；而当飞机受扰动而迎角减小时，飞机附加升力对重心形成下俯的低头力矩，迫使迎角更加减小，因此不具有迎角静稳定性，如图 6-10 所示。

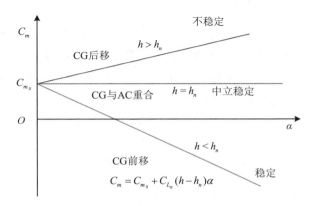

图 6-10　迎角静稳定性的判断依据

若飞机焦点位置与重心位置重合，当飞机受扰动以致迎角发生变化时，其附加升力正好作用于飞机重心上，对重心形成的力矩等于零。飞机既不自动恢复原来迎角，也不更加偏离原来迎角，飞机会在新的迎角位置处平衡，这被称为飞机的纵向中立静稳定状态。

为了在正的迎角配平，希望 $C_{m_0} > 0$，即 $C_{m_{ac}} > 0$，然而通常采用正弯度翼型，来满足飞行性能和减轻阻力，正弯度翼型产生的零升力矩为负值，且单独机翼的气动中心在重心的前面，可见对于传统的飞机设计，单纯机翼不能使飞机静稳定。机身对飞机的影响使零升力矩系数的绝对值增加，同时也使机翼的焦点向前移动，如图 6-11 所示，更加破坏飞机的稳定性。

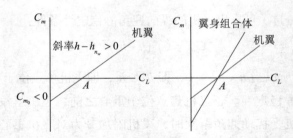

图 6-11 翼身组合体对俯仰力矩系数的影响

6.3.2 平尾稳定作用

飞机产生的俯仰力矩和重心位置、迎角大小和构型有关，其中水平尾翼产生的俯仰力矩还取决于机翼迎角、升降舵的舵偏角和流过水平尾翼的气流速度。在正常飞行中，水平尾翼有正的安装角，产生负升力，故水平尾翼产生的俯仰力矩是上仰力矩。当迎角较大时，也可能会产生下俯力矩。

与机翼升力计算方法相同，简化的平尾升力 L_t 和俯仰力矩 M_t 的表达式为：

$$L_t = Q_t S_t C_{L_t} \tag{6-13}$$

$$M_t = -l_t L_t = -l_t Q_t S_t C_{L_t} \tag{6-14}$$

其中 Q_t 为平尾动压，S_t 为平尾面积，C_{L_t} 为平尾升力系数，l_t 为沿气动弦长方向，平尾的气动中心到飞机重心距离，如图 6-12 所示。

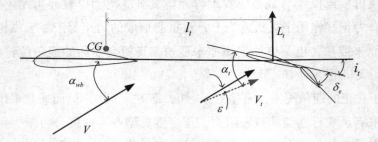

图 6-12 平尾受力和升降舵的操纵

则包括机翼和平尾的飞机总升力：

$$L = L_{wb} + L_t = QSC_{L_{wb}} + Q_t S_t C_{L_t} \tag{6-15}$$

包括机翼和平尾的飞机升力系数：

$$C_L = C_{L_{wb}} + \frac{Q_t S_t}{QS} C_{L_t}$$ （6-16）

平尾的俯仰力矩系数：

$$C_{m_t} = \frac{-l_t Q_t S_t C_{L_t}}{QS c_A} = \frac{-Q_t}{Q} V_t C_{L_t}$$ （6-17）

这里平尾的体积比 V_t 定义为：$V_t = \dfrac{l_t S_t}{S\bar{c}}$。

考虑到机体和机翼产生下洗流的影响，下洗角表达式为 $\varepsilon = \varepsilon_0 + \dfrac{\partial \varepsilon}{\partial \alpha} \alpha_{wb}$，$\alpha_{wb}$ 为翼身组合体的迎角。由于平尾的迎角 $\alpha_t = \alpha_{wb} - \varepsilon + i_t$，其中 i_t 为平尾的安装角，图中为负的安装角度，则平尾的升力和俯仰力矩系数为：

$$
\begin{aligned}
C_{L_t} &= C_{L_{\alpha_t}} \alpha_t = C_{L_{\alpha_t}} \alpha_{wb} + C_{L_{\alpha_t}}(-\varepsilon + i_t) \\
&= C_{L_{\alpha_t}}(-\varepsilon_0 + i_t) + C_{L_{\alpha_t}}\left(1 - \frac{\partial \varepsilon}{\partial \alpha}\right)\alpha_{wb}
\end{aligned}
$$ （6-18）

$$
\begin{aligned}
C_{m_t} &= V_t C_{L_{\alpha_t}}(\varepsilon_0 - i_t) - V_t C_{L_{\alpha_t}}\left(1 - \frac{\partial \varepsilon}{\partial \alpha}\right)a_{wb} \\
&= C_{m_{t_0}} + C_{m_{t_{\alpha_t}}} a_{wb}
\end{aligned}
$$ （6-19）

对于飞机静稳定平衡需要满足 $C_m = 0$ 和 $C_{m_\alpha} < 0$。平尾的主要作用有：

（1）为了保证 $C_m = 0$，要 $C_{m_0} > 0$。如果平尾的安装角为正，则 $C_{L_{t_0}} < 0$（$-\varepsilon_0 - i_t < 0$），$C_{m_{t_0}} > 0$，可见平尾具有使 $C_{m_0} > 0$ 的作用。通过调整 i_t，增加 C_{m_0} 来配平飞机，因此平尾的正安装角又称作飞机的纵向上反角。

（2）对于公式（6-19），因为 $1 - \dfrac{\partial \varepsilon}{\partial \alpha} > 0$，所以 $C_{m_{t_{\alpha_t}}} < 0$，则 $C_{m_{t_{\alpha_t}}}$ 有减小飞机 C_{m_α} 的趋势，因此要使 $C_{m_\alpha} < 0$，可通过增加 l_t 和尾翼面积 S_t 或者通过增加平尾的展弦比进而增加 $C_{L_{\alpha_t}}$ 来实现。

6.4 纵向阻尼力矩

飞机在受扰动后，产生绕横轴的转动，飞机转动产生相反方向的附加气流运动，该气流在重心两侧产生不同的气动力改变，如图 6-13 所示。

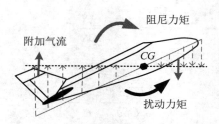

图 6-13 飞机的俯仰阻尼力矩

飞机重心后面部分机体下沉，相对的上升气流使飞机这部分迎角增加，进而升力增加；飞机重心前面部分机体上仰，相对的下降气流使飞机这部分机体的迎角减小，进而升力降低，飞机重心前、后部分的升力变化在飞机上产生了一个附加力矩，阻止飞机的转动，此附加力矩称为俯仰（纵向）阻尼力矩，主要由平尾产生，因为平尾面积大，距离重心远，产生的阻尼力矩大。

假设零升迎角 α_0 很小，可以忽略，考虑阻尼力矩的影响，飞机俯仰力矩系数方程（6-11）可以写为：

$$C_m = C_{m_0} + C_{m_\alpha}\alpha + C_{m_q}q \qquad (6-20)$$

其中 C_{m_q} 为飞机的俯仰阻尼力矩系数项系数。

6.5 纵向静操纵性

纵向静操纵性是研究飞机保持平衡状态时所需要施加的纵向控制量，以及所施加的操纵量和飞行状态之间的关系。

6.5.1 俯仰操纵

飞机的俯仰操纵是通过驾驶杆改变升降舵的舵偏角实现的，如图 6-14 所示。拉杆使升降舵上偏，舵面产生向下的附加升力，使飞机机头上仰，随着迎角的增加，飞机俯仰角速度增加，飞机的俯仰角速度产生的阻尼力矩和水平安定面产生的稳定力矩将减小俯仰角速度。随着迎角的增加，稳定力矩逐渐增加，当其与操纵力矩相等时，只剩下阻尼力矩，在阻尼力矩作用下，飞机的俯仰角速度逐渐减小，阻尼力矩随着减小，当阻尼力矩逐渐消失，则飞机最终保持在较大迎角飞行。

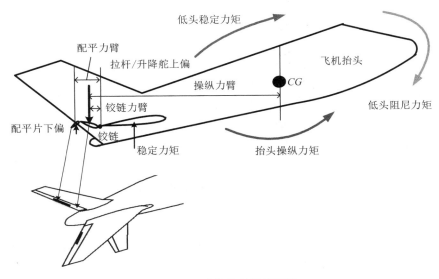

图 6-14　升降舵的俯仰操纵

在给定飞行高度和飞行速度条件下，飞行中驾驶杆前后的每一个位置（或升降舵的舵偏角）对应着一个迎角。驾驶杆位置越靠后，升降舵上偏角越大，对应的迎角也越大。反之，驾驶杆位置越靠前，升降舵下偏角越大，对应的迎角也越小。

飞机舵面后面可移动的部件称作配平调整片，如图 6-14 所示，其作用如下：飞机重心、速度变化会导致飞机姿态变化，飞行员要对飞机持续施加杆力以保持俯仰平衡；而配平片处在升降舵后缘，与升降舵运动方向相反，产生一个与舵偏操纵力矩大小相等、方向相反的力矩，其作用是抵消铰链力矩，进而消除杆力，减轻飞行员的长时间握杆的疲劳。

6.5.2　纵向配平

纵向运动控制是通过偏转升降舵，引起尾翼的升力系数变化，导致飞机俯仰力矩的改变：

$$C_{L_t} = C_{L\alpha_t}\alpha_t + C_{L_{t_{\delta_e}}}\delta_e \qquad （6-21）$$

这里 $C_{L_{t_{\delta_e}}}$ 定义为升降舵的舵效（Elevator effectiveness）。

在线性域内升降舵舵偏角引起的升力系数和俯仰力矩系数改变为：

$$\Delta C_L = C_{L_{\delta_e}} \delta_e \tag{6-22}$$

$$\Delta C_m = C_{m_{\delta_e}} \delta_e \tag{6-23}$$

这里 $C_{L_{\delta_e}} = \dfrac{S_t}{S} C_{L_{t_{\delta_e}}}$，并将 $C_{m_{\delta_e}} = -V_t C_{L_{t_{\delta_e}}}$ 定义为升降舵的操纵效能（Elevator control power）。考虑操纵舵面偏转时飞机总的升力和俯仰力矩系数为：

$$C_L = C_{L_\alpha} \alpha + C_{L_{\delta_e}} \delta_e \tag{6-24}$$

$$C_m = C_{m_0} + C_{m_\alpha} \alpha + C_{m_q} q + C_{m_{\delta_e}} \delta_e \tag{6-25}$$

公式（6-25）只给出了飞机主要俯仰力矩系数的组成，飞机的所有状态变化都会或大或小地影响俯仰力矩的大小，如公式（5-12）所示。那么飞机的总俯仰气动力矩可以写成：

$$M_a = QSc_A C_m \tag{6-26}$$

由公式（6-25）可以看出升降舵舵偏角 δ_e 只会使 C_m 相对于 α 的曲线平移，无论是升降舵还是全动平尾产生的操纵力矩都与迎角无直接关系，故舵面偏转不会影响飞机的静稳定性，但舵面的偏转会改变平尾的受力，进而改变零升力矩系数的大小，且一个舵偏角对应一个配平迎角，如图6-15所示。

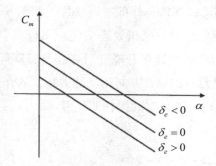

图 6-15 升降舵对俯仰力矩系数的影响

飞机纵向配平是确定飞机在某一速度下，飞行姿态不改变，保持稳态飞行所需的配平迎角 α_{trim} 和配平升降舵舵偏角 $\delta_{e_{\text{trim}}}$ 的大小。纵向配平条件为：①飞机所受的总俯仰力矩为零；②飞机的升重平衡。配平状态下飞机没有姿态运动，因此不考虑俯仰阻尼力矩系数项 $C_{m_q} q = 0$，基于公式（6-25），由配平条件①，有 $C_m = 0$，则：

$$\delta_{e_{\text{trim}}} = -\frac{C_{m_0} + C_{m_\alpha}\alpha_{\text{trim}}}{C_{m_{\delta_e}}} \tag{6-27}$$

由配平条件②，有 $C_L = C_{L_{trim}}$，则：

$$C_{L_{\text{trim}}} = C_{L_\alpha}\alpha_{\text{trim}} + C_{L_{\delta_e}}\delta_{e_{\text{trim}}} = C_{L_\alpha}\alpha_{\text{trim}} - \frac{C_{L_{\delta_e}}}{C_{m_{\delta_e}}}(C_{m_0} + C_{m_\alpha}\alpha_{\text{trim}}) \tag{6-28}$$

这里 $C_{L_{trim}}$ 为配平升力系数，即在升重平衡条件下飞机所需的升力系数。

联立求解公式（6-26）和公式（6-27）可得纵向运动配平值：

$$\alpha_{trim} = \frac{C_{m_0}C_{L_{\delta_e}} + C_{m_{\delta_e}}C_{L_{\text{trim}}}}{C_{L_\alpha}C_{m_{\delta_e}} - C_{L_{\delta_e}}C_{m_\alpha}} \tag{6-29}$$

$$\delta_{e_{trim}} = -\frac{C_{m_0}C_{L_\alpha} + C_{m_\alpha}C_{L_{\text{trim}}}}{C_{L_\alpha}C_{m_{\delta_e}} - C_{L_{\delta_e}}C_{m_\alpha}} \tag{6-30}$$

且有纵向迎角静稳定性条件：

$$C_{m_\alpha}\Big|_{\alpha=\alpha_{\text{trim}}} < 0 \tag{6-31}$$

升降舵的舵偏角与飞行速度之间的关系曲线称为舵面平衡曲线，如图 6-16 所示。平飞中，为保持高度，当迎角增加时，要相应地收小油门，使升力保持不变。因此一个迎角对应一个平飞速度。速度小时，迎角大，升降舵上偏；随着速度增加，迎角减小，升降舵的舵偏角随着减小；速度大时，升降舵转成下偏，对应的迎角减小，但迎角不会为负。

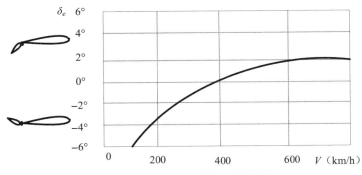

图 6-16　升降舵舵偏角平衡曲线

6.6 纵向动稳定性和动操纵性

6.6.1 纵向运动状态方程

飞机的纵向运动模态反应飞机纵向状态受到扰动后的动稳定性。飞机的纵向操纵响应反映了飞机受到纵向操纵力矩后的响应特性。依据公式（5-15），省略扰动量符号 Δ，飞机的纵向运动状态方程可以变换成如下标准微分方程组的形式：

$$\dot{\mathbf{X}}_{\text{lon}} = \mathbf{A}_{\text{lon}} \mathbf{X}_{\text{lon}} + \mathbf{B}_{\text{lon}} \mathbf{U}_{\text{lon}} \qquad （6-32）$$

其中 $\mathbf{U}_{\text{lon}} = \begin{bmatrix} \delta_e & \delta_o \end{bmatrix}^{\text{T}}$ 为飞机的纵向控制量，$\mathbf{X}_{\text{lon}} = [u \quad w \quad q \quad \theta]^{\text{T}}$ 为飞机的纵向运动变量，$\mathbf{A}_{\text{lon}}$ 为飞机的纵向状态系数矩阵，该矩阵主要由 C_{m_α}、C_{m_q} 等状态系数导数和飞机的动压、质量等参数构成；$\mathbf{B}_{\text{lon}}$ 为纵向控制系数矩阵，该矩阵主要由 $C_{m_{\delta e}}$、$C_{L_{\delta e}}$ 等操纵系数导数和飞机的动压、质量等参数构成。求解该微分方程，可以得到各状态变量对扰动和纵向控制输入的操纵响应。

表 6-1 和表 6-2 分别给出某 B747 型飞机某些基本参数和主要纵向导数：

表 6-1　B747 运输机基本参数

变量	数值
m（kg）	289016.4
I_x（kg·m²）	24.583×10^6
I_y（kg·m²）	44.708×10^6
I_z（kg·m²）	67.13×10^6
I_{xz}（kg·m²）	-2.212×10^6
S（m²）	510.966
c_A（m）	8.324
b（m）	59.643

表 6-2 B747 运输机的纵向导数

（1）

纵向导数＼飞行状态	C_L	C_D	C_{L_α}	C_{D_α}	C_{m_α}	$C_{L_{\dot\alpha}}$	$C_{m_{\dot\alpha}}$
$Ma=0.25$ 海平面	1.25	0.102	5.7	0.66	−1.26	6.7	−3.2
$Ma=0.9$ 40000ft	0.5	0.042	5.5	0.47	−1.6	0.006	−9.0

（2）

纵向导数＼飞行状态	C_{L_q}	C_{m_q}	C_{L_M}	C_{D_M}	C_{m_M}	$C_{L_{\delta_e}}$	$C_{m_{\delta_e}}$
$Ma=0.25$ 海平面	5.4	−20.8	−0.81	0	0.27	0.338	−1.34
$Ma=0.9$ 40000ft	6.58	−25	0.3	0.25	−0.1	0.3	−1.2

由表 6-2 可以看到，不同高度、不同速度下，飞机的导数是变化的，其大小和正负受大气参数、飞机结构和飞机状态的影响。因此通常在某一平衡条件下，研究飞机受到外界扰动的响应特性，在该平衡状态下建立小扰动运动状态方程。

定量分析该飞机的纵向稳定性和操纵性的仿真程序见附录 1。通过实际计算，B747 在 $Ma=0.9$、$H=40\,000$ 英尺的平飞状态下的纵向扰动运动状态方程为：

$$\mathbf{A}_{\text{lon}}=\begin{bmatrix} -0.0069 & 0.0139 & 0 & -9.8100 \\ -0.0905 & -0.3149 & 235.8928 & 0 \\ 0.0004 & -0.0034 & -0.4282 & 0 \\ 0 & 0 & 1.0000 & 0 \end{bmatrix},\quad \mathbf{B}_{\text{lon}}=\begin{bmatrix} -0.0001 & 2.9430 \\ -5.5079 & 0 \\ -1.1569 & 0 \\ 0 & 0 \end{bmatrix}$$

6.6.2 纵向运动模态

通过计算得到状态系数矩阵 $\mathbf{A}_{\text{lon}}$ 的特征根为：

$$\lambda_{\text{lon}} = \begin{bmatrix} -0.3717 + 0.8869i \\ -0.3717 - 0.8869i \\ -0.0033 + 0.0672i \\ -0.0033 - 0.0672i \end{bmatrix}$$

一般来说，对于稳定性要求高的客机，其纵向运动有两对共轭复根，分别定义为短周期模态和长周期模态，运动的周期定义为振荡一次所需时间。短周期模态对应一对虚部绝对值较大的共轭复根，具有振动周期短，衰减较快的特点，而长周期模态对应一对虚部绝对值较小的共轭复根，具有振荡周期长，衰减较慢的特点。飞机的同一状态变量在不同的特征值模态中运动的模态参数是不同的，但幅值大的状态代表在该模态中的主要表现变量。

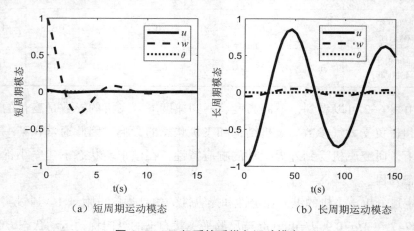

（a）短周期运动模态　　　　　　　（b）长周期运动模态

图 6-17　飞机受扰后纵向运动模态

短周期模态主要发生在干扰消失后的最初阶段。飞机的扰动运动主要是飞机绕重心的摆动过程，表现为迎角和俯仰角速度周期性迅速变化，而飞行速度则基本上保持不变，短周期运动在几秒钟内即可恢复，如图 6-17（a）所示。

长周期模态主要发生在干扰运动的后一阶段。飞机的扰动运动主要是飞机重心运动的振荡过程，表现为飞行速度和航迹爬升角周期性的缓慢变化，飞机的迎角基本恢复到原来的迎角并保持不变，如图 6-17（b）所示。

飞行过程中，飞行员对这两种运动模态的感觉和要求是不同的。对于短周期模态，运动参数迎角、俯仰角速度变化快，飞行员往往来不及反应和制止，因而影响到飞行安全、乘员的舒适和操纵反应等，所以对这种模态提出的设计要求较高，如图 6-18（a）所示。

　　对于长周期模态，因为它振荡周期长，运动参数速度、航迹角变化缓慢，飞行员有足够的时间进行纠正，所以对这种模态提出的设计要求要低，如图 6-18（b）所示。

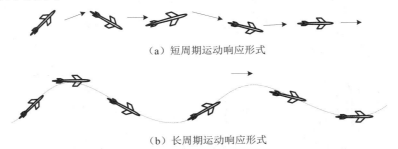

（a）短周期运动响应形式

（b）长周期运动响应形式

图 6-18　飞机纵向扰动运动响应示意图

　　当飞机的重心和焦点重合时候，飞机纵向运动为临界稳定模态，可以解释为飞机受扰动后迎角改变，飞机速度或高度改变，但由于没有稳定力矩存在，飞机会在新的迎角和速度下稳定。

6.6.3　纵向操纵响应

　　当 B747 在 $Ma=0.9$、$H=40\,000$ 英尺的配平条件下平飞时，升降舵处于配平位置，若额外施加的 1 度阶跃输入，则根据方程（6-32）求解飞机的响应，如图 6-19 所示。飞机的前飞速度 u 和爬升角 γ 的长周期运动模态响应明显，呈缓慢振荡衰减，短周期振荡衰减很快。飞机稳定的前飞速度为 14.143m/s，稳态的迎角为 -0.0185rad。这可以解释为当有升降舵 1 度的阶跃输入，则升降舵下偏，飞机迎角减小、阻力减小，进而速度增加，但飞机升力基本不变，所以飞机在新的速度下平衡。

　　在同样配平条件下，在发动机油门配平位置再施加 1/6 油门的阶跃输入，则推力的阶跃输入响应如图 6-20 所示。主要表现为状态的长周期运动，飞机速度初始改变很快，短周期响应很弱。额外 1/6 油门的阶跃输入意味着加油门、增速，飞机升力增加，转入爬升，那么飞机轨迹方向的阻力增加，重力的向后分量增加，所以飞机基本保持原速度爬升，最终飞机按照先前稳态速度，以 0.05 度爬升角爬升。

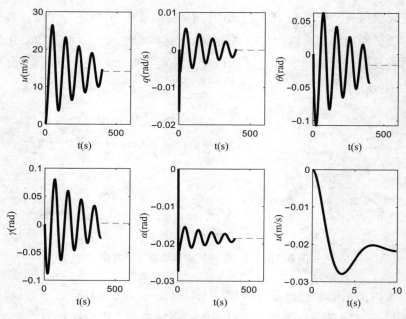

图 6-19　飞机对 1 度升降舵阶跃输入的操纵响应

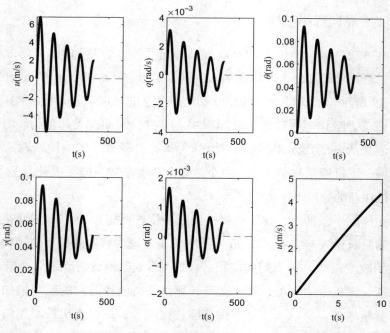

图 6-20　飞机对 1/6 油门阶跃输入的响应

6.7　影响飞机纵向运动特性的因素

6.7.1　纵向平衡影响因素

1. 重心位置

飞机重心如果前移，翼身组合体的下俯力矩将增加，因此原来处于俯仰平衡的飞机将下俯；重心后移时，由于上仰力矩增加，飞机将上仰。

2. 收放襟翼

襟翼放下，机翼升力增加，升力作用点后移。一般情况下机翼产生的是下俯力矩，升力作用点后移会使下俯力矩增加；襟翼放下，气流通过机翼后的下洗角增大，平尾负升力增大，机头的上仰力矩变大。

3. 收放起落架

产生附加阻力，导致低头；重心前后移动，影响纵向平衡。

4. 加减油门

加减油门直接改变推力大小，由于安装位置与飞机重心有上下的距离会改变飞机的俯仰力矩，影响飞机的俯仰平衡；加减油门同时还改变飞行速度，使作用到机翼和尾翼上的空气动力发生变化，从而改变机翼和尾翼上的俯仰力矩，影响飞机的俯仰平衡。例如对于螺旋桨飞机，加油门，下洗流增加，尾翼负升力增加，飞机抬头；收油门，则飞机低头。

6.7.2　纵向稳定性影响因素

1. 重心位置的影响

飞机重心位置靠前，重心到焦点的距离越长，产生的俯仰稳定力矩就越大，飞机的俯仰稳定性就越强。

2. 速度的影响

速度增大，飞机的纵向阻尼力矩就越大，意味着飞机在受扰动后，可以更快地回到原平衡位置，飞机的稳定性越强。

3. 高度的影响

由于纵向阻尼力矩与密度成正比，因此在相同的表速下，在高空，密度变小，纵向阻尼力矩变小，飞机受扰动后摆动的衰减时间长，稳定性减弱。

6.7.3　纵向操纵性影响因素

1. 重心位置的影响

重心前移，重心到焦点的距离增加，俯仰稳定力矩增大，同时俯仰操纵度变小，使俯仰操纵性变差。因此飞机有重心前、后极限的限制。

（1）重心前极限位置约束

近地面飞行，由于地面效应，放下起落架和襟翼，增加了飞机的低头力矩，为保持平衡飞行员要多拉杆；着陆时，靠近地面且速度小，则升降舵的舵偏角大，拉杆大。重心前极限位置要保证飞机拉成接地迎角时，升降舵的舵偏角不超过最大舵偏角的90%；

对于前三点飞机，重心前极限位置应保证起飞时在规定的速度下升降舵能抬起前轮。

（2）重心后极限位置约束

飞机焦点之前留有一定的安全裕量。飞机重心位置后移，飞机俯仰稳定性变差，同时飞机显得过于灵敏。为保证飞机具有一定的俯仰稳定性，位置后极限位置应在飞机焦点之前留有一定的安全裕度。

2. 飞行速度的影响

飞行速度增加，动压就增加，同样升降舵的舵偏角产生的俯仰操纵力矩增加，舵面效率高，飞机反应快，能很快达到所需要的迎角，因而操纵性好。但飞行速度增加，会使铰链力矩增大，使得驾驶杆上的杆力增加。

3. 飞行高度的影响

飞机以同一个真空速飞行，高度增加，空气密度降低，操纵力矩和阻尼力矩都减小，飞机反应慢，操纵性差（空气密度降低导致舵面效率低）。因此高空飞行，飞机的杆、舵变轻，操纵反应迟缓。

另外在不同高度用同一个真空速飞行，为保持升力不变，高空飞行时要增大迎角，因此高空飞行时配平拉杆量大，操纵性差。

第 7 章　横侧向稳定性和操纵性

7.1　横侧向平衡

飞机的横侧向（横向滚转和侧向偏航）平衡是指飞机受到的滚转力矩和偏航力矩为零，如图 7-1 所示。飞机产生横侧向力矩的主要来源有：

（1）两翼升力不同对重心产生的滚转力矩；

（2）垂尾侧力对重心产生的滚转力矩；

（3）螺旋桨反作用力矩对重心产生滚转力矩；

（4）两翼阻力对重心产生的偏航力矩；

（5）垂尾侧力对重心产生的偏航力矩；

（6）双发或多发飞机拉力不对称产生的偏航力矩；

（7）螺旋桨偏流作用于垂尾对重心产生偏航力矩。

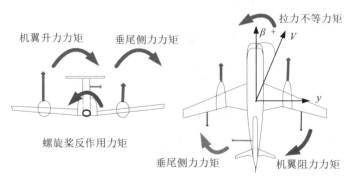

（a）滚转力矩的来源　　　　　　　（b）偏航力矩的来源

图 7-1　飞机的横侧向力矩平衡

对于单轴螺旋桨飞机，考虑横侧向平衡时螺旋桨的副作用不能忽视，如图 7-2 所示，主要应考虑如下五方面的影响：

（1）反作用力矩：空中飞行时螺旋桨的反作用力矩使飞机产生坡度；地面滑跑时反作用力使飞机两侧起落架对地压力不同，产生的摩擦力和阻力不同，使飞机产生偏航。

（2）滑流扭转力矩：螺旋桨桨叶拨动空气，一方面使之向后加速流动，另一方面使之顺着桨叶旋转方向扭转流动，这叫作滑流。滑流作用在飞机的垂尾上，产生偏航。

（3）螺旋桨的进动：螺旋桨作为高速旋转的部件，受到扰动时，会产生进动，导致飞机的姿态改变。例如对于右旋螺旋桨飞机，当机头受扰动上仰时，产生向右的偏航力矩；当飞机受扰动左偏时，产生抬头力矩。

（4）螺旋桨因素：螺旋桨旋转时，螺旋桨的下行桨叶迎角大，上行桨叶迎角小，故下行桨叶的拉力大于上行桨叶的拉力，形成偏转力矩，称之为螺旋桨因素。

（5）加减油门：加油门，下洗流增加，尾翼负升力增加，飞机抬头；反之，收油门飞机低头。加油门，飞机加速，升力增加，飞机高度增加；反之，收油门飞机高度降低。

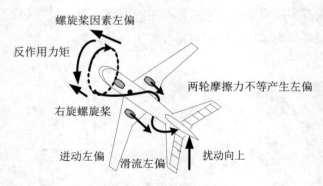

图 7-2　单轴螺旋桨的副作用

7.2　横侧向静稳定性

飞机的横向和航向稳定性紧密联系，合称为横侧向稳定性。飞机的上反角、后掠角和上垂尾都增加了飞机的横侧向稳定性，它们都会由于侧滑角而产生稳定力矩。

7.2.1　内侧滑和外侧滑

侧滑是飞机相对于气流和飞机对称面不一致的现象。当飞行员对副翼和方向舵的操纵不协调时，就会出现侧滑。

一般来说，副翼偏转改变升力方向，进而产生向心力，使飞行轨迹偏离飞机的对称面，产生侧滑方向与飞机的转弯方向一致的称为"内侧滑"（Slip），从操纵上讲主要是飞行员只压杆或压杆过多所引起的。

方向舵偏转产生偏航力矩，改变飞机机头的方向，使飞机对称面偏离原来的飞行轨迹，产生侧滑方向与飞机的转弯方向相反的称为"外侧滑"（Skid），从操纵上讲主要是飞行员只蹬舵或舵量过大所造成的，如图 7-3 所示。

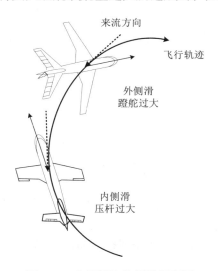

图 7-3　内侧滑和外侧滑示意图

7.2.2　滚转静稳定性

滚转静稳定性是指飞机受到扰动、绕机体纵轴产生了滚转角 ϕ，如果由于滚转角产生的力矩有使飞机的滚转恢复到原平衡位置的趋势，则具有滚转静稳定性，如图 7-4 所示。

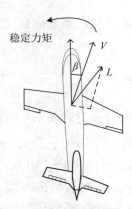

图 7-4　飞机的滚转静稳定性示意图

飞机滚转产生了侧滑角，侧滑引起的滚转稳定力矩系数项在线性范围内近似为 $C_l = C_{l_\beta}\beta$，这里 C_{l_β} 为滚转稳定力矩系数项的系数。当飞机受扰动而产生的滚转角 $\phi > 0$，则 $\beta > 0$，若 $C_{l_\beta} < 0$ 时，则 C_{l_β} 产生负的滚转力矩，该力矩通过减小 β，进而减小 ϕ，为恢复稳定力矩。因此滚转静稳定性条件为 $C_{l_\beta} < 0$，如图 7-5 所示。

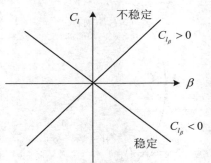

图 7-5　滚转静稳定性的判断依据

7.2.3　偏航静稳定性

飞机绕垂轴的稳定性叫作航向稳定性。飞机受到扰动绕机体垂轴转动，产生了侧滑角，引起的偏航稳定力矩系数项在线性范围内近似为 $C_n = C_{n_\beta}\beta$，这里 C_{n_β} 为偏航稳定力矩系数项的系数。如果该偏航力矩有使飞机对准来流及消除侧滑角的趋势，则飞机具有航向静稳定性，如图 7-6 所示，因此偏航静稳定条件为 $C_{n_\beta} > 0$。

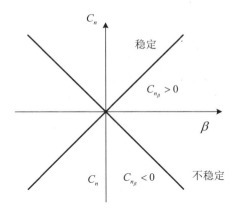

图 7-6　偏航静稳定性的判断依据

偏航静稳定性不代表飞机保持航向不变的特性，仅代表消除侧滑、使飞机对称面与飞行速度方向一致的特性，其作用犹如风标，亦称风标稳定性，如图 7-7 所示。

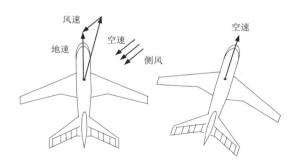

图 7-7　飞机的风标稳定性示意图

7.2.4　后掠角稳定作用

一架后掠翼飞机原来处于稳定飞行状态，当阵风从下面向上吹到左翼上的时候，破坏了稳定飞行，飞机左翼上扬，右翼下沉，机翼向右侧倾，升力也随着侧倾，使飞机发生右滚、右侧滑，如图 7-8 所示。由于后掠角的存在，虽然相对机翼的气流速度在两边机翼上是一样的，但是决定升力大小的是垂直于机翼前缘的实际有效速度，该速度在右翼的分量大，而在左翼的分量小。

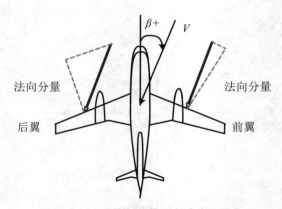

图 7–8　后掠角的横侧向稳定作用

由于速度不同，右翼的升力和阻力也分别大于左翼的升力和阻力，两者升力之差构成滚转恢复力矩，两者的阻力差产生减小侧滑的航向稳定力矩，这就是后掠翼的横侧向稳定作用。另一方面，后掠翼的阻力比非后掠翼的阻力要小，在高速飞行时有很大优势，但在低速飞行时，由于降低了有效空速，飞行品质较差。

7.2.5　上反角稳定作用

当上反角飞机稳定飞行时，如果有一阵风吹到飞机右翼上，使右翼抬起，左翼下沉，飞机发生左滚、左侧滑。飞机侧滑后吹到机翼上的相对气流 v_w 向右，由于上反角的存在，侧滑前翼产生附加的上升气流 v_{w_n}，机翼有效气流 V_e 上偏，使该侧机翼的迎角增加，升力、阻力增加；而侧滑后翼产生附加的下降气流 v_{w_n}，机翼有效气流 V_e 下偏，使该侧机翼的迎角减小，升力、阻力减小，如图 7-9 所示。

由于迎角不同，左翼产生的升力和阻力分别大于右翼产生的升力和阻力。左、右两侧机翼的升力差产生滚转恢复力矩，左、右两侧机翼的阻力差产生减小侧滑的航向稳定力矩。上反角越大，飞机的横侧向稳定性就越好。

现代飞机机翼的上反角约 7 度到 10 度。有的飞机要采用负上反角，即下反角，这是因为机翼的后掠角也有横侧向稳定的作用，如果后掠角的稳定作用过大，使飞机不容易操纵的时候，就要采用下反角来抵消一部分后掠角的横侧向稳定作用。

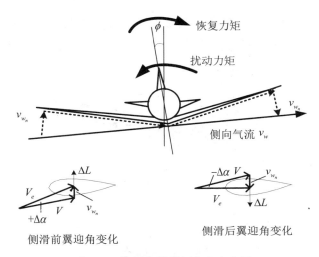

图 7-9 上反角的横侧向稳定作用

7.2.6 其他部件稳定作用

侧滑中，垂尾产生的侧力对重心形成的滚转力矩和偏航力矩也是横侧向稳定力矩，飞机向前飞行，受扰动后飞机左滚，相对气流从飞机的左侧前方吹来，飞机轴线与来流方向之间产生侧滑角，这时相对气流吹到飞机垂尾上，产生向右的附加力 F。这个力绕飞机重心产生左偏恢复力矩和右滚恢复力矩，使机头向左偏、右滚，消除侧滑角，如图 7-10 所示。

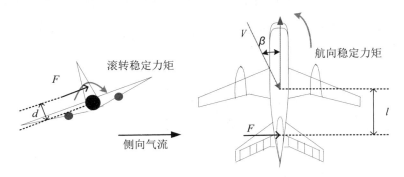

图 7-10 垂尾产生的横侧向稳定力矩

上单翼飞机受扰动滚转产生侧滑时，由于机身阻碍，气流将绕过机翼，因此侧滑前翼产生向上气流，迎角增加，升力、阻力增加，产生滚转恢复力矩，增加滚转稳定性；下单翼飞机受扰动滚转产生侧滑时，由于机身阻碍，气流将绕过机翼，因此侧滑前翼产生向下气流，迎角减小，升力、阻力减小，使飞机继续滚转，不具有滚转稳定作用，如图 7-11 所示。

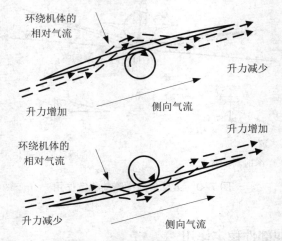

图 7-11　机翼安装位置对横侧向稳定性的影响示意图

7.3　横侧向阻尼力矩

滚转阻尼力矩由机翼、平尾和垂尾产生，机翼和平尾产生滚转阻尼力矩和机身产生的俯仰阻尼力矩原理一致，但平尾产生的滚转阻尼力矩远小于机翼产生的。飞机受扰滚转过程中，垂尾上的侧力也对重心产生滚转阻尼力矩，如图 7-12 左图所示。

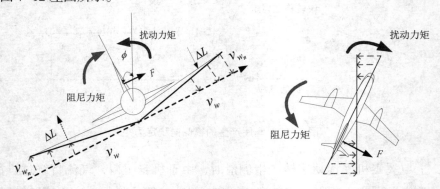

图 7-12　横侧向阻尼力矩

飞机的航向阻尼力矩主要由机翼和垂尾组成。一般情况，机翼的航向阻尼力矩要比垂尾的阻尼力矩小得多，但大迎角时，由于垂尾的作用减弱，机翼的航向阻尼作用不能忽略。机身和平尾部分的作用一般可忽略，如图 7-12 右图所示。飞机各部分提供的横侧向阻尼力矩比例见表 7-1。

表 7-1　飞机各部件产生的横侧向阻尼力矩的比例

飞机部件 运动方式	全机值	机翼	垂尾	其他
滚转运动（%）	100	98.4	1.1	0.4
航向运动（%）	100	1.4	97.9	0.7

7.4　横侧向交叉力矩

飞机滚转过程中产生的偏航力矩和偏航过程中产生的滚转力矩称为交叉力矩，产生的偏航与飞机操纵的滚转一致（左滚左偏 / 右滚右偏），或者产生的滚转与飞机操纵的偏航一致（左偏左滚 / 右偏右滚）。这说明操纵杆和方向舵可以在操纵上互换，称为杆舵互换，通常应用于杆或舵失效情况下，但效率不高。

交叉力矩是由飞机角速度产生的，因此又称为"交叉动态力矩"。具体产生的原因可分为如下两种情形：

情形一：假设飞机向左压杆，飞机总的升力向左倾斜，飞机左滚、左侧滑，气流从飞机的左前方吹来。这时，由于后掠角，流过左翼（侧滑前翼）并垂直于机翼前缘的有效气流分量大；由于上反角，左翼迎角大；由于左滚运动，飞机左翼迎角大。以上三个因素均会导致左右两侧机翼产生阻力差，产生左偏交叉力矩。另外，由于左侧滑，垂尾上的侧力向右，作用于重心之后，也会产生左偏交叉力矩。

情形二：假设飞机踩左舵，飞机机头产生左偏航、右侧滑，气流从飞机的右前方吹来。这时由于后掠角，流过右翼（侧滑前翼）并垂直于机翼前缘的有效气流分量大；由于上反角，右翼迎角大；由于左偏航，且飞机右翼在转弯的外侧，右翼的速度大于左翼的速度。以上三个因素均可导致左右两侧机翼产生升力差，产生左滚交叉力矩。另外，由于右侧滑和机尾的右偏转动，垂尾上的侧力向左，作用于重心之上，产生左滚交叉力矩。

飞机横侧向稳定力矩和交叉力矩的来源和产生原因可由图 7-13 归纳概括。

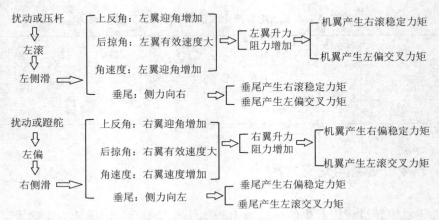

图 7-13　飞机横侧向稳定力矩和交叉力矩产生的原因

7.5　横侧向静操纵性

横侧向静操纵性是研究飞机保持横侧向平衡状态时所需要施加的横侧向控制量及所施加操纵量与飞行状态之间的关系。

7.5.1　滚转操纵

飞机的滚转操纵性是指飞行员操纵副翼以后，飞机绕纵轴转动而改变其滚转角速度、坡度等飞行状态的特性。飞行员通过左右压杆（或左右转动驾驶盘）来完成飞机的滚转操纵。左压杆，飞机向左滚转；右压杆，飞机向右滚转。

通过左右副翼反对称偏转，使左右两翼产生升力差，实现滚转力矩，如图 7-14 所示。副翼平均偏转角度定义为 $\delta_a = \dfrac{1}{2}(\delta_{a_1} + \delta_{a_2})$，当右副翼向下、左副翼向上时，定义副翼偏转为正，因此 $C_{l_{\delta_a}} < 0$。

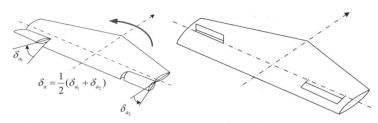

图 7–14　副翼的操纵和扰流片

当副翼运动时，由于机翼的弯度改变，左副翼和右副翼会产生不同的阻力，进而产生偏航力矩。这个偏航力矩通常产生与滚转不一致的逆偏航（左滚右偏 / 右滚左偏），称作副翼的逆操纵。空中扰流片是安装在机翼展向的可移动的表面，升起的一面可以减少该侧机翼的升力，同时增加该侧机翼的阻力，因此可以用来减弱或消除逆偏航。

7.5.2　偏航操纵

方向操纵是指飞行员操纵方向舵以后，飞机绕垂轴偏转而改变其侧滑角等飞行状态的特性，如图 7–15 所示。垂尾的迎角为 $\alpha_f = -\beta + \sigma$，这里 σ 为侧洗流 v 产生的侧洗角，相对于 y 轴正方向气流产生的侧洗角定义为正。

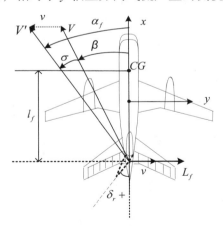

图 7–15　方向舵的作用

垂尾的升力表示为：

$$L_f = \frac{1}{2}\rho V_f^{\,2} S_f C_{L_f} \tag{7-1}$$

$$C_{L_f} = C_{L_{f\delta_r}} \delta_r + C_{L_{f\alpha_f}} \alpha_f \tag{7-2}$$

这里 S_f 为垂尾的面积，C_{L_f} 为垂尾升力系数，α_f 为垂尾的迎角，方向与侧滑角相反，$C_{L_{f\alpha_f}}$ 为垂尾翼面升力系数斜率，$C_{L_{f\delta_r}}$ 为方向舵的升力系数斜率，称为方向舵舵效。

如果垂尾的气动中心到飞机重心的距离为 l_f，假设 α_f 很小，则总的偏航力矩可以近似地表示为：

$$N_f = -l_f L_f = -l_f Q_f S_f C_{L_f}$$

$$\Rightarrow C_{n_f} = \frac{N_f}{QSb} = -C_{L_f} \frac{S_f l_f}{Sb} \frac{Q_f}{Q} = -V_f \frac{Q_f}{Q} (C_{L_{f\delta_r}} \delta_r + C_{L_{f\alpha_f}} \alpha_f) \tag{7-3}$$

这里 Q_f 为垂尾动压，$V_f = \dfrac{S_f l_f}{Sb}$ 定义为垂尾的体积比。依据公式（7-2）有：

$$C_{n_{\alpha_f}} = V_f \frac{Q_f}{Q} C_{L_{f\beta}} \left(1 - \frac{\partial \sigma}{\partial \beta}\right) \beta \tag{7-4}$$

$$C_{n_{\delta_r}} = -V_f \frac{Q_f}{Q} C_{L_{f\delta_r}} \tag{7-5}$$

其中 $C_{n_{\alpha_f}}$ 为垂尾对航向稳定力矩系数的贡献，$C_{n_{\delta_r}}$ 为方向舵的操纵效能。可见垂尾面积越大，产生的力矩越大。当方向舵运动，方向舵上的侧力作用在重心之上，产生逆滚转运动，因为该滚转通常与偏航运动不一致（右偏左滚／左偏右滚），故称作方向舵的逆操纵。

7.5.3　横侧向配平

飞机的横侧向力矩系数主要由如下几部分组成：

$$C_l = C_{l_\beta} \beta + C_{l_p} p + C_{l_r} r + C_{l_{\delta_a}} \delta_a + C_{l_{\delta_r}} \delta_r$$

$$C_n = C_{n_\beta} \beta + C_{n_r} r + C_{n_p} p + C_{n_{\delta_r}} \delta_r + C_{n_{\delta_a}} \delta_a \tag{7-6}$$

这里 C_{l_p} 为滚转阻尼力矩系数项系数，C_{l_r} 为滚转交叉动态力矩系数项系数，C_{n_r} 为偏航阻尼力矩系数项系数，C_{n_p} 为偏航交叉动态力矩系数项系数，$C_{l_{\delta_a}}$ 为滚转操纵力矩系数项系数（副翼的操纵效能），$C_{l_{\delta_r}}$ 为滚转的交叉操纵力矩系数项系数，$C_{n_{\delta_r}}$ 为偏航操纵力矩系数项系数（方向舵的操纵效能），$C_{n_{\delta_a}}$ 为偏航的交叉操纵力矩系数项系数。以 QSb 为参考当量，计算飞机的滚转气动力矩和偏航气动力矩为：

$$
\begin{aligned}
L_a &= QSbC_l \\
N_a &= QSbC_n
\end{aligned}
\qquad (7\text{-}7)
$$

同样，公式（7-6）只给出了飞机主要横侧力矩系数的组成，飞机的所有状态变化都会或大或小地影响横侧向力矩系数的大小，如公式（5-12）所示。

在稳态飞行条件下，没有阻尼力矩，则侧滑产生的横侧向力矩将由副翼和方向舵的舵偏角产生的力和力矩来平衡。

$$
\begin{aligned}
C_{l_\beta}\beta + C_{l_{\delta_a}}\delta_a + C_{l_{\delta_r}}\delta_r &= 0 \\
C_{n_\beta}\beta + C_{n_{\delta_r}}\delta_r + C_{n_{\delta_a}}\delta_a &= 0
\end{aligned}
\qquad (7\text{-}8)
$$

两式联立可得：

$$
\begin{aligned}
\delta_a &= \frac{C_{l_{\delta_r}}C_{n_\beta} - C_{n_{\delta_r}}C_{l_\beta}}{C_{n_{\delta_r}}C_{l_{\delta_a}} - C_{l_{\delta_r}}C_{n_{\delta a}}}\beta \\
\delta_r &= \frac{C_{l_{\delta_a}}C_{n_\beta} - C_{n_{\delta_a}}C_{l_\beta}}{C_{n_{\delta_a}}C_{l_{\delta_r}} - C_{l_{\delta_a}}C_{n_{\delta_r}}}\beta
\end{aligned}
\qquad (7\text{-}9)
$$

由于舵的交叉操纵力矩系数为很小的量，因此两个交叉力矩系数的乘积，$C_{l_{\delta_r}}C_{n_{\delta_a}}$ 可以忽略，上式可以简化为：

$$
\begin{aligned}
\delta_r &\approx -\frac{C_{n_\beta}}{C_{n_{\delta_r}}}\left(1 - \frac{C_{n_{\delta_a}}C_{l_\beta}}{C_{n_\beta}C_{l_{\delta_a}}}\right)\beta \\
\delta_a &\approx -\frac{C_{l_\beta}}{C_{l_{\delta_a}}}\left(1 - \frac{C_{l_{\delta_r}}C_{n_\beta}}{C_{l_\beta}C_{n_{\delta_r}}}\right)\beta
\end{aligned}
\qquad (7\text{-}10)
$$

可见定直侧滑飞行中，副翼和方向舵的舵偏角都和侧滑角成正比。依据静稳定性条件和舵面的极性可知：$C_{n_\beta} > 0$，$C_{n_{\delta_r}} < 0$，$C_{l_\beta} < 0$ 和 $C_{l_{\delta_a}} < 0$，所以蹬右舵时 $\delta_r < 0$，产生左侧滑，即 $\beta < 0$；右副翼下偏 $\delta_a > 0$，产生左侧滑，即 $\beta < 0$。

7.6 横侧向特殊运动的操纵

7.6.1 无侧滑的滚转操纵

由于纯滚转中，飞机不带侧滑，没有滚转稳定力矩，滚转角速度的变化只取决于滚转操纵力矩和阻尼力矩。其滚转力矩的平衡表达式为：

$$C_{l_p} p + C_{l_{\delta_a}} \delta_a = 0 \qquad （7-11）$$

可见，不带侧滑的滚转操纵中，驾驶杆左右移动的每个位置都对应着一个稳定的滚转角速度。

$$p = -\frac{C_{l_{\delta_a}}}{C_{l_p}} \delta_a \qquad （7-12）$$

例如左压杆，右侧副翼下偏，左侧副翼上偏，飞机左滚转，产生滚转阻尼力矩，制止飞机滚转。开始时，滚转操纵力矩大于阻尼力矩，滚转角速度逐渐增大。随着滚转角速度的增大，阻尼力矩逐渐增大。当滚转操纵力矩等于阻尼力矩，飞机保持一定的角速度滚转。

7.6.2 无滚转的航向操纵

在不带滚转的直线飞行中，每一个脚蹬位置对应一个方向舵的舵偏角，每一个舵偏角对应着一个侧滑角。在无滚转条件下，其偏航力矩平衡表达式为：

$$C_{n_\beta} \beta + C_{n_{\delta_r}} \delta_r = 0 \qquad （7-13）$$

例如，蹬右舵，方向舵向右偏转，舵面上产生向左的附加气动力对飞机重心产生力矩使飞机机头向右偏转。机头右偏导致左侧滑，垂尾产生方向稳定力矩使机头有左偏的趋势。开始时，操纵力矩大于方向稳定力矩，飞机机头继续右偏，产生左偏的阻尼力矩。随着侧滑角的增加，航向稳定力矩增加；当航向稳定力矩等于操纵力矩时，只剩下阻尼力矩，在阻尼力矩作用下，飞机的偏航角速度逐渐减小，阻尼力矩也随着减小；当阻尼力矩逐渐消失，飞机就稳定在一个新的较大的侧滑角上。

类似于升降舵的偏转，方向舵偏转后也会产生方向铰链力矩，飞行员需用力蹬舵才能保持方向舵偏转角不变。方向舵偏转角越大，气流动压越大，蹬舵力就越大，因此方向舵也可以安装配平片。

与纵向俯仰通道不同，在理想情况下飞机做无侧滑飞行，方向舵处于中立位置，而稳态飞行时，飞机需要保持一定的迎角，因此升降舵的舵偏角通常不为零。

7.7　横侧向动稳定性和动操纵性

7.7.1　横侧向运动状态方程

飞机的横侧向运动模态反映飞机横侧向状态受扰后的动稳定性。飞机的横侧向操纵响应反映了飞机受到横侧向操纵力矩后的运动特性。依据公式（5-16），省略扰动量符号 Δ，飞机的横侧向运动状态方程可以变换成如下标准微分方程组的形式：

$$\dot{\mathbf{X}}_{\mathbf{lat}} = \mathbf{A}_{\mathbf{lat}}\mathbf{X}_{\mathbf{lat}} + \mathbf{B}_{\mathbf{lat}}\mathbf{U}_{\mathbf{lat}} \qquad （7\text{-}14）$$

其中 $\mathbf{U}_{\mathbf{lat}} = \begin{bmatrix} \delta_a & \delta_r \end{bmatrix}^{\mathrm{T}}$ 为飞机的横侧向控制变量，$\mathbf{X}_{\mathbf{lat}} = \begin{bmatrix} v & p & r & \phi & \psi \end{bmatrix}^{\mathrm{T}}$ 为飞机的横侧向运动变量，$\mathbf{A}_{\mathbf{lat}}$ 为飞机的横侧向状态系数矩阵，该矩阵主要由 C_{l_β}、C_{l_p}、C_{l_r}、C_{n_β}、C_{n_r} 和 C_{n_p} 等状态系数导数和飞机的动压、质量等参数构成。$\mathbf{B}_{\mathbf{lat}}$ 为横侧向控制系数矩阵，该矩阵主要由操纵力矩系数 $C_{l_{\delta_a}}$、$C_{l_{\delta_r}}$、$C_{n_{\delta_r}}$ 和 $C_{n_{\delta_a}}$ 等操纵系数导数和飞机的动压、质量等参数构成。求解该微分方程，可以给出各状态变量对横侧向运动控制输入的操纵响应。

表 7-2 给出某型 B747 飞机的主要横侧向导数：

表 7–2　B747 飞机横侧向导数

（1）

横侧向导数 ＼ 飞行状态	C_{y_β}	C_{l_β}	C_{n_β}	C_{l_p}	C_{n_p}	C_{l_r}	C_{n_r}
$Ma=0.25$ 海平面	−0.96	−0.221	0.150	−0.45	−0.121	0.101	−0.30
$Ma=0.9$ 40000ft	−0.85	−0.1	0.2	−0.3	0.2	0.2	−0.325

（2）

横侧向导数 飞行状态	$C_{l_{\delta_a}}$	$C_{n_{\delta_a}}$	$C_{y_{\delta_a}}$	$C_{l_{\delta_r}}$	$C_{n_{\delta_r}}$
$Ma=0.25$ 海平面	0.0461	0.0064	0.175	0.007	−0.109
$Ma=0.9$ 40000ft	0.014	0.003	0.075	0.005	−0.09

定量分析该飞机的横侧向稳定性和操纵性的仿真程序见附录 2。通过实际计算，B747 在 $Ma=0.9$、$H=40\,000$ 英尺的水平飞行状态下受到横侧向扰动下的运动状态方程为：

$$
\mathbf{A}_{lat} = \begin{bmatrix} -0.0558 & 0 & -235.9000 & 9.8100 & 0 \\ -0.0127 & -0.4351 & 0.4143 & 0 & 0 \\ 0.0036 & -0.0061 & -0.1458 & 0 & 0 \\ 0 & 1.0000 & 0 & 0 & 0 \\ 0 & 0 & 1.0000 & 0 & 0 \end{bmatrix}, \quad \mathbf{B}_{lat} = \begin{bmatrix} 0 & 1.7188 \\ -0.1433 & 0.1146 \\ 0.0038 & -0.4859 \\ 0 & 0 \\ 0 & 0 \end{bmatrix}
$$

7.7.2 横侧向运动模态

通过计算得到飞机的横侧向状态系数矩阵 $\mathbf{A}_{lat}$ 的特征根为：

$$
\boldsymbol{\lambda}_{lat} = \begin{bmatrix} 0 \\ -0.5633 \\ -0.0073 \\ -0.0331 + 0.9470i \\ -0.0331 - 0.9470i \end{bmatrix}
$$

一般情况下，对于亚声速客机，$\mathbf{A}_{lat}$ 特征根分别为零、一个绝对值大的负实根、一个绝对值小的负实根和一对复根，分别定义为横侧向的四种模态：航向中立模态、滚转收敛模态、螺旋模态和荷兰滚模态，如图 7-16 所示。当这四个运动模态都稳定时，飞机才具有横侧向动稳定性。

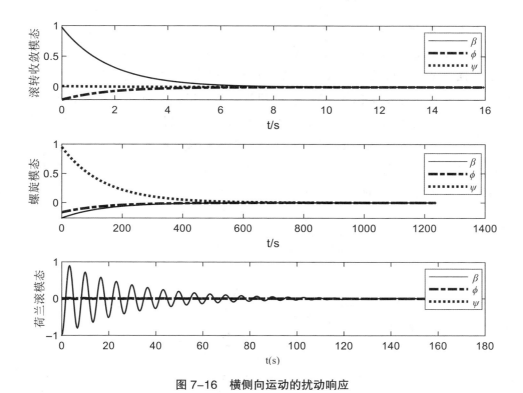

图 7-16 横侧向运动的扰动响应

1. 航向中立模态

飞机在不同的偏航角下，所受的气动力大小和气动力矩不变。飞机受扰动偏航后，扰动消失时飞机保持受扰后的状态飞行，在新的偏航角下稳定，称作航向中立模态。

2. 滚转收敛模态

滚转收敛模态是指侧向扰动消失后，飞机做衰减的滚转运动，这是非周期性的稳定运动。由于飞机的上反角、后掠角布局，以及飞机的滚转阻尼力矩比较大，扰动衰减很快，经过 4 秒左右稳定，飞机几乎是纯滚转运动，增加机翼尺寸和尾翼面积可以增加滚转稳定性。

3. 螺旋模态

螺旋模态是指侧向扰动消失后，飞机作盘旋下降运动，是一种非周期运动，表现为飞机高度和半径的变换，螺旋运动发展很慢，有几十到一百秒的量级。这个运动主要包括偏航运动，带很小的滚转运动，侧滑角很小，这正是滚转实现偏航的条件，如图 7-17 所示。

　　飞机受扰左滚转，左侧滑，若横向稳定性弱，飞机改平坡度慢；航向稳定性强，飞机左偏的速度快，飞机难于改平左坡度，顶风时依然有左坡度。飞机左偏时，交叉力矩的存在会使飞机进一步左滚，左侧滑，最终导致飞机进入缓慢的盘旋下降过程，这称为螺旋不稳定。该现象通常发生在大垂尾的飞机上。由于周期长，螺旋模态对飞行安全不构成威胁，一般飞机设计允许出现轻度螺旋不稳定。减小螺旋模态影响可以通过增加上反角和偏航阻尼，或减小垂尾面积来实现。

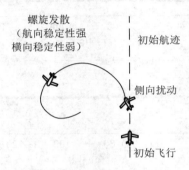

图 7-17　螺旋模态示意图

4. 荷兰滚模态

　　荷兰滚模态是指侧向扰动消失后，飞机作滚转和偏航的周期振荡，表现为飞机交替地向左和向右滚转，同时绕垂轴偏转。偏航、坡度与侧滑角交替变化，形成左右振荡摇摆现象，如图 7-18 所示。荷兰滚振荡振动周期很短，一般为 6~8 秒，偏航、滚转和侧滑表现同等量级。

　　飞机受扰左滚转，左侧滑，横向稳定性强，飞机迅速改平坡度；若航向稳定性弱，飞机左偏的速度慢，右滚改平坡度的速度快，未等左侧滑消除，由于滚转稳定力矩的惯性作用，飞机又带右坡度，形成右侧滑。若航向稳定性弱，飞机右偏的速度慢，左滚改平坡度的速度快，未等右侧滑消除，由于滚转稳定力矩的惯性作用，飞机又带左坡度，如此往复形成荷兰滚。

　　荷兰滚飘摆的危害性在于飘摆震荡周期只有几秒，修正飘摆超出了人的反应能力，修正过程中极易造成推波助澜，加大飘摆。正常情况下，飘摆的幅值衰减变慢，但当航向稳定性和横侧稳定性不协调时，易使飘摆的幅值衰减很快，甚至不稳定，严重危及安全。

　　滚转静稳定性和航向静稳定性如果配合得不好，航向稳定远远地超过滚转稳定性时，飞机会表现出螺旋运动。相反，飞机会周期地表现出荷兰滚运动，大型运输机在高空和低速飞行时由于稳定性发生变化易发生飘摆，因此广泛使用偏航阻尼器。增大垂尾面积、采用腹鳍和背鳍，可以增加偏航稳定性，减弱飞机飘摆的影响。

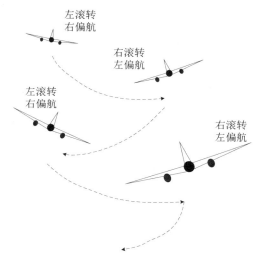

图 7-18　飞机荷兰滚运动示意图

7.7.3　横侧向操纵响应

　　当 B747 在 Ma=0.9、H=40 000 英尺的配平条件下飞行时，给副翼施加 2 秒的脉冲输入，则左副翼升起，右副翼下降，飞机右翼上转，激励滚转模态响应，飞机稳定在一个坡度上，并产生稳定的偏航角速度，飞机会一直偏转下去。另外由于左右机翼阻力不同，在偏航角度上可见初始的逆偏航，飞机的螺旋模态表现不明显，荷兰滚模态表现明显，如图 7-19 所示。

　　同样配平条件下，给方向舵施加 2 秒的脉冲输入，荷兰滚响应明显，其余两种模态表现不明显，飞机表现为侧滑角轻阻尼衰减，由于偏航稳定性，飞机稳定在新的航向角。因为垂尾上的侧力作用点在重心之上，所以可见初始逆滚转，如图 7-20 所示。

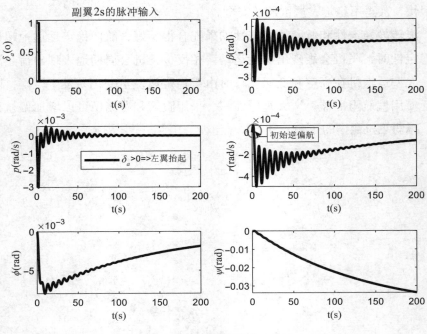

图 7-19 副翼的脉冲响应

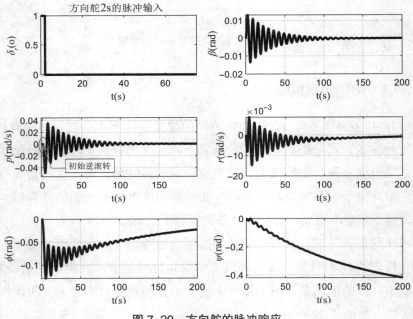

图 7-20 方向舵的脉冲响应

7.8　影响飞机横侧向运动特性的因素

7.8.1　横侧向稳定性影响因素

1. 重心位置

重心靠前，重心到垂尾侧力作用点的距离加大，航向稳定力矩变大。

2. 飞行速度

飞机受扰后摆动的衰减时间与阻尼力矩的大小有关。飞行速度越大，阻尼力矩越大，飞机摆动衰减时间越短，稳定性越好。

3. 飞行高度

高度越高，空气密度越小，飞机的阻尼力矩变小，飞机稳定性变弱。

4. 大迎角飞行

飞机在大迎角下飞行，对飞机航向稳定性和滚转稳定性都有影响。

大迎角飞行时，翼身对垂尾的遮蔽作用增强，垂尾几乎全部处于翼身产生的涡流区中，使垂尾的效能降低，航向静稳定性减弱。因此，如果迎角过大，某些飞机甚至会丧失航向静稳定性。

大迎角飞行还会导致丧失滚转稳定性，有可能出现机翼自转现象。例如当飞机受干扰后向左滚，左翼下沉，飞机左翼迎角增大；右翼上扬，飞机右翼迎角将减小。若飞机受扰前在临界迎角附近，就可能导致飞机左翼迎角增大，升力反而变小的现象，从而导致滚转阻尼力矩方向的改变，即左、右机翼附加升力所形成的力矩不仅不阻止飞机滚转，反而迫使飞机继续加速向左滚转，出现机翼自转现象。

7.8.2　横侧向操纵性影响因素

1. 重心位置

飞机重心位置的左右移动会对飞机的滚转操纵性产生影响。如，飞机的重心向左移动，相当于增加了一个向左滚转的力矩，要保持滚转平衡，飞行员必须向右压杆，使驾驶杆向右的移动行程受到限制，从而限制了向右滚转的能力。因此，飞机重心的左右移动也有严格的限制。

2. 飞行速度

飞行速度增加，同样的舵偏角所产生的操纵力矩比较大，使飞机转动的角加速度也比较大，因此飞机到达与此舵偏角相对应的侧滑角和坡度所需的时间就短，飞机的横侧操纵性好。

3. 迎角

小坡度转弯时，飞机迎角小，两副翼阻力差小，由阻力差引起的侧滑角小，操纵力矩大于稳定力矩，所以，向右压杆，飞机右滚；大坡度转弯时，飞机迎角较大，副翼下偏，该侧机翼升力变大，阻力变大，两侧机翼的阻力差产生逆偏航，这也称作副翼的逆操纵；当迎角达到临界迎角时，副翼效能变差，副翼下偏，该侧机翼升力降低，但两侧机翼的阻力差却加大，这可能导致产生螺旋运动。

这里副翼的逆操纵可以这样理解，例如当飞行员向右压杆，飞机右滚，左副翼下偏、右副翼上偏，两侧机翼阻力不同，产生了使机头左偏的偏转力矩。进一步机头左偏，会产生右侧滑，右侧滑将产生使飞机左滚的力矩，该力矩会抵消副翼的操纵，这称为副翼的逆操纵现象。

4. 高速飞行

当飞行马赫数进入跨声速范围时，如果机翼上产生的激波在副翼转动轴的前面，副翼转动影响不了激波前的气流流动，因而偏转副翼后两翼上升力的改变量要减小，副翼操纵效能变差；大表速下，飞行动压很大。如低空、高速飞行时，由于动压很大，机翼结构的扭转变形量很大，会削弱副翼的操纵效能，因此飞行中要限制最大表速。

重要概念回顾

[1] 飞机稳定力矩产生机理

[2] 飞机操纵力矩产生机理

[3] 飞机阻尼力矩产生机理

[4] 纵向配平条件

[5] 静稳定性

[6] 动稳定性

[7] 飞机纵向静稳定条件

[8] 平尾的稳定性作用

[9] 平尾的体积比

[10] 飞机的焦点

[11] 升降舵舵效和操纵效能

[12] 升降舵配平片的作用

[13] 零升力矩

[14] 飞机纵向扰动运动模态

[15] 飞机纵向平衡影响因素

[16] 飞机纵向稳定性影响因素

[17] 升降舵的操纵

[18] 飞机纵向操纵性影响因素

[19] 方向舵舵效和操纵效能

[20] 横侧向静稳定性

[21] 横侧向静稳定条件

[22] 上反角对飞机横侧向稳定性的作用

[23] 后掠角对飞机横侧向稳定性的作用

[24] 飞机的风标稳定性

[25] 扰流片的作用

[26] 侧滑角和迎角

[27] 飞机横侧扰动运动模态

第四部分

飞行操纵技术

导读

　　飞机的操纵技术是指在目视飞行条件下，飞行员直接驱动舵面和其他机构以控制飞机的飞行姿态。飞机的操纵系统分为主操纵系统和辅助操纵系统。主操纵系统是通过驾驶杆（或驾驶盘）和脚蹬，即中央操纵机构来控制飞机的升降舵（或全动平尾）、副翼和方向舵来控制飞机的飞行航径和姿态。辅助操纵系统包括调整片、襟翼、扰流板、可调安定面和机翼变后掠角机构等，用于控制飞机的平衡和升阻特性。它们的操纵仅是靠飞行员选择相应开关、手柄位置，通过电信号接通电动机或液压作动筒来完成。

第8章　基本飞行操纵技术

基本飞行操纵是指在正常外界条件和飞机状态下，操纵飞机完成地面滑跑、起飞、爬升、平飞、盘旋、下降、着陆和复飞等各飞行阶段，以及在稳态风场作用下，操纵飞机实现安全起飞和着陆。飞行员的基本操纵动作包括：对发动机的加、减油门，分别对应发动机推力的大小；对升降舵的推、拉杆，分别对应升降舵的下偏和上偏；对副翼的左、右压杆，分别对应副翼的左上、右下和左下、右上；对方向舵的左、右蹬舵，分别对应方向舵的左偏和右偏。保持杆力的操纵是指通过微量移动杆的位置，保持舵面产生的气动力大小不变。

8.1　平飞

8.1.1　平飞速度范围

平飞速度的改变可以通过操纵油门大小和升降舵的舵偏角来实现，通常把平飞的速度范围分为两个：第一速度范围和第二速度范围，二者的分界点为最大剩余推力所对应的速度。对螺旋桨飞机，最大剩余推力所对应的速度为平飞最小功率速度（经济速度）；对喷气式飞机，最大剩余推力所对应的速度接近平飞最小阻力速度（有利速度）。一般以有利速度为分界点进行分析，飞机速度小于有利速度属于第二速度范围，飞机速度大于有利速度属于第一速度范围。在第二速度范围存在速度大，油门小的特点，如图 8-1 所示。

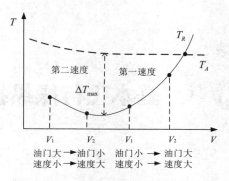

图 8-1　平飞的速度和油门状态

8.1.2　平飞操纵

在平飞第一速度范围，飞机从速度 V_1 加速到 V_2 时，必须将油门加大到一定的程度。随速度的增加，飞机升力增加，引起飞机高度增加。为保持高度不变，飞行员需推杆减小迎角。随着速度增大，剩余推力会不断减小。当剩余推力为零时，速度增大到 V_2，飞机以 V_2 速度平飞。反之，若使飞机速度从 V_2 减到 V_1 则要收油门，并且随着速度的降低，要拉杆增大迎角以保持高度。

在平飞第二速度范围，飞机要从速度 V_1 加速到 V_2 时，最初需加大油门，使可用推力大于所需推力，让飞机获得加速度而加速，并推杆保持高度。但当速度增大到 V_2 时，必须逐步收油门（V_2 所需平飞推力小）到与速度 V_2 对应的位置，从而使飞机以速度 V_2 平飞。反之从 V_2 减速到 V_1 时，最初需收油门使飞机减速，并拉杆保持高度，然后逐步加油门（油门反效）到与速度 V_1 对应的位置，如图 8-2 所示。

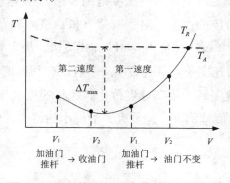

图 8-2　飞机在不同速度范围的平飞操纵

8.2　下降

8.2.1　下降速度范围

　　在零推力下降过程中，按照拉杆后飞机下滑角的变化特点，也可将下降速度分为两个范围。无推力下降时，下滑角取决于飞机的升阻比的大小，以有利速度下降，升阻比最大，下滑角最小，因此以有利速度为界，将速度分为两个范围：大于有利速度为第一速度范围，小于有利速度为第二速度范围，如图 8-3 所示。

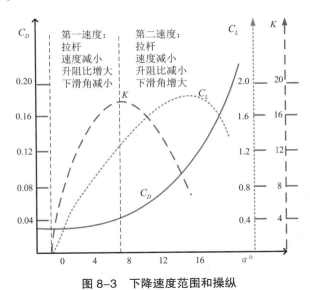

图 8-3　下降速度范围和操纵

　　在第一速度范围内，当油门给定，拉杆，飞机迎角增大，阻力增加，速度减小，升阻比增大（升力比阻力增加得快），下滑角减小；第二速度范围内，当油门给定，拉杆，飞机迎角增大，阻力增加，速度将减小，升阻比减小（阻力比升力增加得快），下滑角增大，不符合人的正常操纵习惯。

8.2.2　下降操纵

　　在第一速度范围内，飞行员通过驾驶杆和油门大小控制下降性能。

　　如果只拉杆，迎角增大，阻力、升力增加，升阻比增大，下降速度减小，下滑角及下降率减小，下滑距离增长；重力在航径方向上的分力减小，导致下降速度进一步减小，最后飞机稳定在较小的下滑角和较小的下降速度上。

如果只增大油门，下降速度增加，升力增加，飞机产生向上加速度，飞机有抬头趋势，从而使下降率、下滑角减小，下滑距离增长；下滑角减小使得重力在航径方向上的分力减小，导致下降速度进一步减小，最后飞机稳定在较小的下滑角和稍大的下降速度上。

在保持速度下降中，可用油门与杆配合调节下滑角：通过驾驶杆保持好规定的下滑角，再调节油门保持下降速度，如图 8-4 所示。

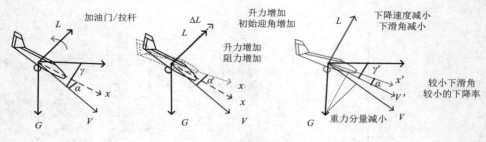

图 8-4　下降中的操纵

8.3　爬升

8.3.1　爬升速度范围

按照飞机爬升角的变化，将爬升速度分为两个范围。当飞行重量一定时，爬升角取决于剩余推力的大小，因此以最大剩余推力对应的速度，即最大爬升角速度为界，将爬升速度分为两个范围，如图 8-5 所示。喷气式飞机以有利速度（最小阻力）为界，螺旋桨飞机以经济速度（最小功率）为界，见图 1-25（章节 1.3.4）。

大于最大爬升角速度为第一速度范围，当油门给定，飞行员拉杆，迎角增大，阻力增大，速度将减小，剩余推力增加，从而使爬升角增加。这与人的正常操纵习惯一致：拉杆，爬升角增大；推杆，爬升角减小。小于最大爬升角速度为第二速度范围，在此速度范围内，当油门给定，飞行员拉杆，飞机迎角增大，速度将减小，但剩余推力也减小，爬升角减小，这不符合正常操纵习惯。

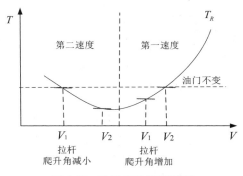

图 8-5 飞机爬升速度范围

在第二速度范围内爬升，不仅操纵与人的正常操纵习惯相反，而且由于速度小、迎角大，飞机的稳定性和操纵性变差，飞行不安全，因此一般不在第二速度范围内爬升。在拉杆爬升时，应特别注意空速指示表读数，防止失速。

8.3.2 平飞与下降切换

在第一速度范围内，飞机由平飞转入下降，必须使飞机的升力小于重力，通过推杆和减油门来减小升力。

只推杆，初始迎角变小，升力减小，飞机转入下降；迎角减小，阻力减小，重力在速度方向分力增加，飞机加速。因此只推杆下降，飞机稳定后的速度比平飞时的速度大。

只减油门，初始飞机减速，升力减小，飞机转入下降；速度减小、阻力减小，重力在速度方向分力增加，飞机加速。因此只减油门，飞机以比原速度稍小的速度下降。

一般同时采用减油门和推杆两种措施：首先收小油门，柔和推杆转入下降，待接近预定下滑角（下降率）时，保持杆力，维持设定的下滑角，根据情况适当调节油门，保持稳定的下降速度，如图 8-6 所示。

当由下降转入平飞时应先拉杆，使升力大于重力的分力，产生向上的向心力，飞机轨迹向上弯曲，重力在速度方向的分力减小，故应同时加油门，待接近平飞状态时，保持杆力，维持姿态，根据情况适当调节油门，保持速度不变。对螺旋桨飞机，注意修正螺旋桨副作用。

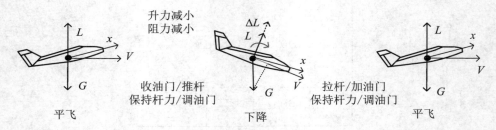

图 8-6　平飞转下降再转平飞

8.3.3　平飞与爬升切换

在第一速度范围内，飞机由平飞转入爬升，首先必须使飞机的升力大于重力。增大迎角（拉杆）或加大飞行速度（加油门）都可以增加升力。

只拉杆，初始迎角变大，飞机的升力将增大，因为升力与飞行速度方向垂直，所以飞机速度方向改变，飞机转入爬升；同时飞机的阻力增大，且重力在速度方向的分力增加，飞机会减速，因此只拉杆爬升，飞机稳定后的速度比平飞时的速度小。

只加油门，飞机初始加速，升力增大，飞机转入爬升，由于平尾上作用的气流向下，飞机有抬头趋势，增加了迎角；同时由于速度增加，飞机阻力增大且重力在速度方向分力增加，这些都会导致减速，因此只加油门，飞机只能保持速度变化不大的爬升。

因此要保持原速度爬升，需要采用加油门和拉杆两种措施。一般先将油门加至预定位置，再进行柔和拉杆，使飞机逐渐转入爬升，接近预定爬升角时，保持杆力使飞机最终稳定在预定的爬升角，然后根据情况调节油门，保持原速度上升。

在进行飞机由爬升转平飞的操纵时，也要油门和杆并用。柔和向前推杆，飞机的爬升角和升力减小，升力小于重力分量、产生向下加速度，爬升率减小；重力沿航迹方向分力减小，飞机有加速趋势，为保持预定速度，需逐渐收小油门。待爬升角（率）接近零时，保持杆力，使飞机保持平飞状态，然后根据情况调节油门，保持原速度飞行，如图 8-7 所示。

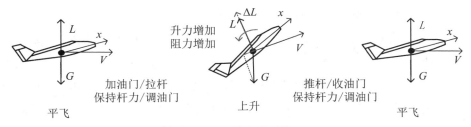

图 8-7　平飞转爬升再转平飞

8.4　转弯

8.4.1　转弯的操纵

　　飞机的转弯是通过副翼不对称偏转，操纵飞机达到一个稳定的坡度，利用升力的分量提供向心力实现的。为了不降低气动效率，需要同向蹬舵消除滚转产生的侧滑。

　　飞机的协调转弯定义为速度、高度不变，无侧滑的转弯运动。对于协调转弯的操纵要考虑如下因素：①转弯过程中，升力的分量平衡重力，为了保持高度不变，需要偏转升降舵，增加迎角来提高升力；②同时由于迎角增加，阻力增加，需要增加油门保持速度；③随着坡度的改变，需要不断协调操纵方向舵以消除侧滑。

　　飞机转弯的标准流程分为进入转弯、稳定转弯和改出转弯三个阶段，如图 8-8 所示。

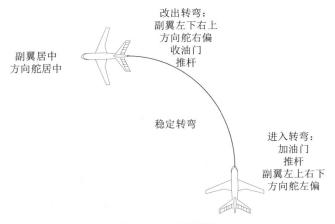

图 8-8　转弯的操纵

在稳定转弯阶段，飞机将保持坡度不变。理想情况下，由于无侧滑，没有滚转稳定力矩，故必须在接近预定坡度时将副翼操纵杆回到中立位置，消除滚转操纵力矩，在滚转阻尼力矩的作用下，使滚转角速度逐渐消失，让飞机稳定在预定坡度上。然而在实际稳定转弯过程中，由于侧滑角不能完全消除，上述操纵过程有所不同：以小飞机为例，对于小坡度（小于20度）转弯，飞机的横侧稳定力矩会产生作用，这将使飞机逐渐改平，并退出转弯，因此飞行员需要持续向转弯方向施加副翼操纵；对于中坡度（在 20~45 度之间）转弯，飞机的横向稳定性不能使坡度改平，飞机可以保持恒定的坡度，副翼可以回中立；对于大坡度转弯，由于交叉力矩作用明显，即使副翼在中立位置，飞机坡度仍有增加趋势，飞行员需要反向压杆，保持一定的坡度。（转弯的进入和改出和盘旋的操纵方式一样，可详见下节。）

8.4.2 盘旋的操纵

盘旋飞行同样可分为进入盘旋、稳定盘旋和改出盘旋三个阶段，如图 8-9 所示。

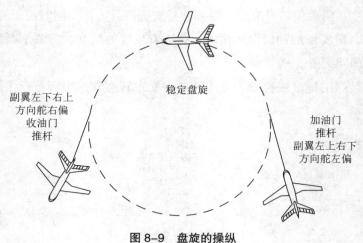

稳定盘旋

副翼左下右上
方向舵右偏
收油门
推杆

加油门
推杆
副翼左上右下
方向舵左偏

图 8-9 盘旋的操纵

从平飞进入盘旋，所需升力增大。进入盘旋需通过同时增大迎角和速度的方法来实现。进入盘旋前，先加油门提高速度，防止失速，同时推杆减小迎角以保持高度。等速度增大至规定值，应协调地向预定盘旋方向压杆和蹬舵。压杆是为了使飞机倾斜，产生盘旋所需的向心力。蹬舵是为了让飞机偏转机头，不产生侧滑。随着坡度增大，要持续拉杆逐渐增大迎角，加大升力以保持高度。随着坡度和升力增加，盘旋向心力增大，为防止侧滑，要继续向盘旋方向蹬舵。在飞机达到预定坡度以前，应及时提前回杆，以防止飞机继续滚转，从而使飞机稳定在预定坡度上。在回杆的同时，也要相应地回舵。

在稳定盘旋阶段，飞行员要及时发现和修正各种偏差。在保持坡度的前提下，用杆保持高度。在保持坡度与高度的前提下，正确地使用杆和油门保持速度。随时消除侧滑，保持杆舵协调，不使飞机产生侧滑。

在改出盘旋阶段，向盘旋的反方向压杆，减小飞机坡度，同时向盘旋的反方向蹬舵，逐渐制止飞机偏转；飞机坡度减小，升力的垂直分力逐渐增大，需逐渐向前推杆保持高度，同时柔和地收油门，保持速度不变。当飞机接近平飞状态时，将杆和舵再回到中立位置。

盘旋是一个复合运动，飞行员需要保持盘旋速度、高度和坡度不变。副翼、升降舵、方向舵和油门都参与其中，因此飞行员需要合理地分配注意力，飞行中应当以地平仪为中心，交叉扫视其他仪表。

8.4.3　盘旋的影响因素

1. 两侧机翼速度不同的影响

在稳定坡度盘旋中，飞机同时绕垂轴转动，两翼相对气流速度不同，外翼升力大于内翼升力，需反方向压杆进行修正，如图 8-10 所示。

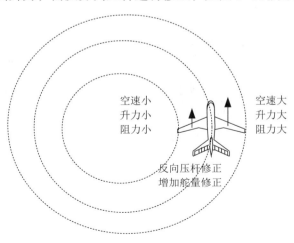

空速小
升力小
阻力小

空速大
升力大
阻力大

反向压杆修正
增加舵量修正

图 8-10　盘旋时两侧机翼受力情况示意图

外翼的圆周线速度大，会引起反向偏转力矩，同时由于副翼操纵引起的两侧机翼阻力差也产生反向偏转力矩，因此稳定盘旋仍需要一定的方向舵偏转量，以修正侧滑。

2. 侧滑的影响

无侧滑盘旋，飞行员只感受到垂直座椅的力的作用，如图 8-11（a）所示。侧滑盘旋时，飞机受到额外的侧向力，外侧滑时飞行员感受到向外侧的拉力，内侧滑时飞行员感受到向内侧的拉力，侧力同样影响盘旋的半径和高度。

外侧滑时产生侧力向内，侧力的垂直分力向下，使盘旋高度降低，水平分力加大了向心力，使盘旋半径减小。侧滑还导致两翼产生升力差，前翼升力增加使飞机坡度增加。侧滑仪小球因惯性离心力加大而滚向玻璃管的外侧，如图 8-11（b）所示。

内侧滑时产生的侧力向外，其垂直分力向上，使盘旋高度增加，水平分力减小了向心力，使盘旋半径增大。侧滑导致的两翼升力差使飞机坡度减小。内侧滑时，侧滑仪小球因惯性离心力减小而滚向玻璃管的内侧，如图 8-11（c）所示。

3. 螺旋桨的副作用

对单轴螺旋桨飞机而言，还要考虑螺旋桨对盘旋的影响。以右转螺旋桨为例，在飞机进入盘旋阶段，偏航角速度小，螺旋桨进动不大，加油门引起的反作用力矩、滑流扭转力矩增加，有左滚、左偏的趋势，进入左盘旋时杆舵量小，但进入右盘旋时杆舵量大。

在盘旋稳定阶段，飞机保持恒定的偏航角速度，进动作用较明显。在右盘旋中，飞行员拉杆，产生抬头扰动力矩，进动导致右偏，引起外侧滑，有右滚趋势，因此需要增加回杆。在左盘旋中，飞行员拉杆，产生抬头扰动力矩，进动导致右偏，引起内侧滑，增加右滚趋势，因此需要增加压杆。

在改出阶段，收油门使反作用力矩和滑流扭转力矩减弱，有右滚、右偏的趋势，改出右盘旋杆舵量大，改出左盘旋杆舵量小。

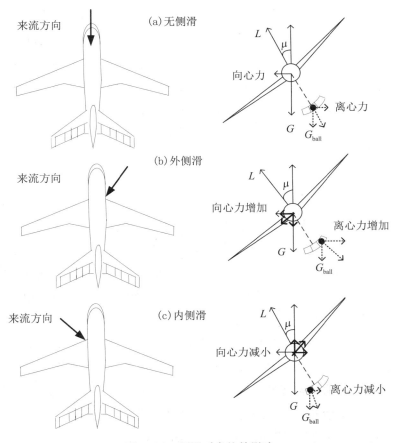

图 8-11　侧滑对盘旋的影响

8.5　起飞

8.5.1　滑行操纵

飞机开始滑行时应适当加大油门，移动后，因滑动摩擦力小于静摩擦力，则应酌量减小油门，以防加速太快不能保持平稳滑行。滑行中，如果要增大滑行速度，应柔和加大油门；如果要减小滑行速度，则收小油门，必要时使用刹车。

滑行中要保持速度和方向，接近预定位置前，需提前柔和地减小油门和使用刹车减速，停止在预定的位置。转弯前，要先减小速度，然后向转弯方向偏转前轮（前三点飞机）或采用转弯方向的主轮刹车，使飞机进入转弯；转弯中，用偏转轮的偏转量控制转弯角速度，偏转轮不宜过大，必要时可适当使用主轮刹车，但是单使用刹车转弯时，转弯内侧主轮上部不仅要承受侧向摩擦力，还要承受因刹车而增加的后向摩擦力。所以禁止使用刹车进行大速度小半径转弯；改出转弯时，要逐渐减小前轮偏转量或慢慢使用主轮反向刹车，使飞机对准预定中心线，退出转弯。

8.5.2　起飞滑跑

起飞滑跑阶段的操纵要注意解决三个问题：尽快加速、正确抬轮和保持滑跑方向。起飞滑跑阶段的操纵首先确认发动机处于正常的工作状态；襟翼和配平设置于起飞位；高度表设定正确。飞机对正跑道后，松刹车，柔和连续地加油门至最大位置，用前轮和方向舵保持滑跑方向；随滑跑速度的增加，方向舵效能增强，舵量需适当减小。

前三点式飞机的起飞操作是在加油门后，拉杆抬前轮，其目的是为了增大离地迎角，减小离地速度，缩短起飞滑跑的距离。飞行中要注意控制好抬前轮的时机以及前轮抬起的角度。应该严格地按照手册中规定的抬前轮速度进行拉杆。前轮抬起高度应正好保持飞机离地所需的姿态角。随着滑跑速度增大，要适当推杆使两点滑跑姿态不变，如图 8-12 所示。

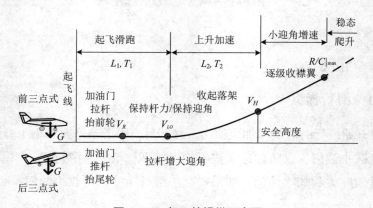

图 8-12　起飞的操纵示意图

后三点式飞机是在加油门后，推杆抬尾轮，维持机身近似水平的构型滑跑。这样做的主要原因有两个：一是减小迎角从而减小阻力，加速更快，达到离地速度越快，滑跑距离越短；二是有些后三点式飞机的后轮并不是为高速大载重的滑跑设计的，在滑跑过程中长期高速使用容易损坏。

对单轴螺旋桨飞机而言，起飞滑跑中引起飞机偏转的主要原因是螺旋桨的副作用。起飞滑跑中，螺旋桨的反作用力矩使两主轮摩擦力之差对重心形成偏转力矩。为减轻螺旋桨副作用的影响，加油门和推拉驾驶杆的动作应柔和适当。其次，螺旋桨滑流作用在垂直尾翼上也会产生偏转力矩。此外，前三点式飞机抬前轮时和后三点式飞机抬尾轮时（扰动力矩），螺旋桨的进动作用也会使飞机产生偏转。

滑跑前段，因舵的效用差，一般前三点式飞机可用偏转前轮保持滑跑方向，后三点式飞机压住尾轮，防止偏转。滑跑后段应用方向舵来保持滑跑方向。随着滑跑速度不断增大，应当回舵，以保持滑跑方向。

8.5.3　离地操纵

对于前三点式飞机，随着滑跑速度增大，上俯操纵力矩增大，飞行员保持杆力以维持两点滑跑；当飞机加速到离地速度时，飞机的升力大于重力，飞机自动离地升空。飞机离地后，机轮摩擦力消失（被动轮，摩擦力向后），飞机有上仰趋势，应保持杆力，以维持姿态。

后三点式飞机在两点滑跑中，由于机坪角高，飞行员用推杆、下偏升降舵来保持滑跑，随着速度增大，下俯操纵力矩增大，飞行员适当拉杆以保持两点滑跑，在到达离地速度时，持续向后拉杆增大迎角，飞机离地。

8.5.4　加速上升

飞机离地有稳定的正爬升率后，收起落架。起落架不可收得过早或过晚。过早收起落架，飞机离地太近，如果飞机下俯，就可能重新接地，危及安全；过晚收起落架，速度太大，起落架产生的阻力大，不易增速，也不易收起落架。飞机达到收襟翼速度后开始逐级收襟翼。

飞机离地到安全高度后，保持小角度上升加速，直到收襟翼速度，待逐级收完襟翼后，继续增速到最佳爬升率速度后，再拉杆增大迎角，保持稳定的上升姿态。

8.6　着陆

8.6.1　着陆目测

飞机沿最后进近航径下降到规定的高度时（DA：决断高度；MDA：最低下降高度），如果能建立继续进近所需目视参考（飞行员能够看到所需的目视助航设施的一部分，或进近区的一部分，并有充分的时间允许飞行员评估飞机相对预定航径的位置和位置变化率），并处于正常进近着陆的位置时，便开始目测着陆。飞行员根据当时飞机的飞行高度、速度以及到预定接地点的距离，不断进行目视判断，操纵飞机按预定的方向和规定的速度降落在预定地点的过程叫着陆目测。准确的目测是操纵飞机在预定接地点一定范围内接地。没有达到这一范围就接地，叫接地点靠后；超过了这一范围接地，叫接地点靠前；下滑线对准地面的一点叫下滑点；预定接地点与下滑点之间距离为平飘长度，如图 8-13 所示。

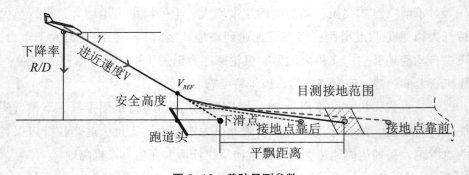

图 8-13　着陆目测参数

1. 着陆目测要点

做好着陆目测，关键要做到以下四点：正确选择下滑点；保持规定的下滑角；保持规定的进近速度，以及正确掌握收完油门的时机。

（1）选择正确的下滑点

下滑点的选择一般是保证飞机过跑道头有 50 英尺的安全高度，通常位于预定接地点后一定的距离。

（2）保持相应的下滑角

飞机最后进近的下滑角一般为 3 度。因此必须保持好规定的下滑角，即保持好高距比，可用在距跑道头特定位置处检查高度的方法来加以实施。

（3）保持相应的进近速度

在下滑点和下滑角正常情况下，进近速度的大小主要取决于油门位置。进近速度大，飞机过跑道头的速度就大，接地速度大。

（4）正确掌握收油门的时机

如果飞机以规定的下滑角和进近速度进场时，在拉平中收油门过早、过快，则造成接地点靠前，反之，则靠后。

2. 着陆目测影响因素

在五边（进场阶段）高度和速度都正常的情况下，实际下滑角小、进近速度大、下滑点前移叫作目测高；实际下滑角大、进近速度小、下滑点后移，叫作目测低。目测低会造成进场高度低，导致接地点靠后；反之，造成接地点靠前，如图 8-14 所示。

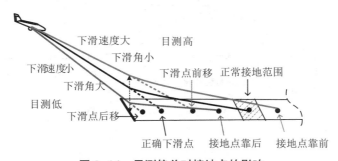

图 8-14　目测偏差对接地点的影响

影响着陆目测精度的主要因素有目视错觉和四边（下降阶段）改出时机。

（1）目视错觉对目测的影响

①地形坡度引起的错觉：上坡地形易引起下滑角大的错觉，容易导致实际下滑角小，易目测高；而下坡地形则易引起下滑角小的错觉，容易导致实际下滑角大，易目测低。

②跑道宽度引起的错觉：窄跑道易引起下滑线高的错觉，容易导致实际下滑线低，下滑角大，易目测低；而宽跑道则易引起下滑线低的错觉，容易导致实际下滑线高，下滑角小，易目测高。

（2）四边改出时机的影响

五边的下滑角是否正确，取决于四边转弯改出后位置是否正确。四边转弯改出位置正确与否，取决于进入四边转弯的位置、坡度和下降率的大小。

①进入晚，若坡度正常，则飞机改出位置偏向跑道左侧，若只增加坡度校正，转弯半径小，转弯改出位置距跑道远，高度损失多，易目测低，如图8-15长虚线所示。

②进入早，若坡度正常，则飞机改出位置偏向跑道右侧，若只减小坡度校正，转弯半径大，转弯改出位置距跑道近，高度损失少，易目测高，如图8-15短虚线所示。

因此四边转弯转出有偏差时，必须综合油门、杆和舵量的修正，保证其在五边的高度和到跑道头的距离，如图8-15实线所示。

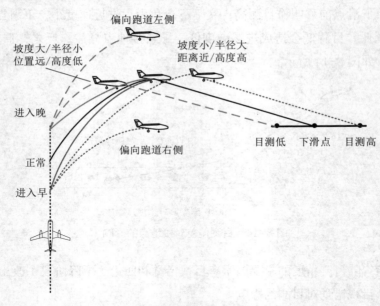

图8-15 四边改出时机对接地点的影响

3. 着陆目测修正

着陆目测修正主要包括下滑点、下滑角和进近速度的修正，如图8-16所示。

（1）下滑点偏差修正

飞机应沿着预定下滑线下滑，如果实际下滑点在预定下滑点的前面，或者速度大，表明目测高，应操纵飞机增大下滑角，使实际下滑点对正；飞机速度增大，则需要收小油门。反之，表明目测低，应操纵飞机减小下滑角，使实际下滑点对正；飞机速度减小，则需要增大油门。

（2）下滑角偏差修正

在下滑点正确的前提下，下滑角出现偏差时，需先用杆和油门使飞机的高距比恢复正常，然后再让飞机对准正常下滑点，同时适当调整油门保持规定的进近速度。

下滑角过小，下滑线偏低，拉杆加油门，接近正常下滑轨迹后，推杆对准正常下滑点，收油门保持速度。下滑角过大，下滑线偏高，推杆并收小油门，接近正常下滑轨迹后，拉杆对准正常下滑点，增大油门保持速度。

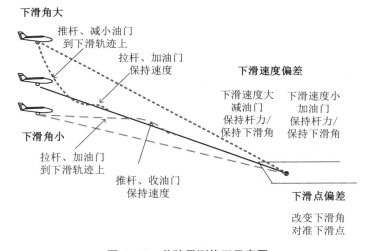

图 8-16　着陆目测修正示意图

（3）进近速度偏差修正

进近速度不正确的原因有两个：一是下滑角不合适；二是油门不合适。修正进近速度应先保持好规定的下滑点和下滑角，然后检查进近速度。

进近速度过大，应适当减油门，保持杆力使下滑角不变；进近速度过小，应适当加油门，保持杆力使下滑角不变。

综上所述，着陆过程中目测出现的偏差都可以通过操纵驾驶杆和油门进行修正。

8.6.2　最后进近

最后进近是在五边的后段，关键是要保持 3° 的下滑角和五边进近速度。小飞机在 50 英尺安全高度过跑道头，并将速度调整至参考速度 V_{REF}（当前构型下失速速度的 1.3 倍），然后继续下至 20 英尺高度时拉平，并开始收油门，如图 8-17 所示。大飞机有稳定进近要求，在最低 500 英尺高度就要保持好进近速度（参考速度 + 风的修正）和姿态，在 50 英尺安全高度过跑道头，并在 30 英尺高度拉平，开始收油门。

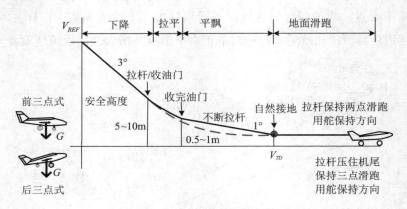

图 8-17　飞机的着陆阶段

8.6.3　拉平和平飘

小型螺旋桨飞机的拉平是由进近转入平飘的曲线运动过程，即飞机由下降状态转入近似平飞状态的过程。在规定高度开始拉杆并收油门，使飞机逐渐退出下滑角，形成平飞姿态。大飞机最后进近不需要显著退出下滑，如图 8-17 虚线所示，没有平飘阶段，做到扎实接地。因为地面滑跑中的减速效果比平飘时更好，能显著减少所需跑道的长度。

在平飘阶段，小飞机的轨迹通常为下滑角很小的直线，在阻力的作用下，速度逐渐减小，升力不断降低。为了使升力与重力近似相等，让飞机缓慢下沉接近地面，应相应不断地拉杆增大迎角，提高升力。在离地约 0.15~0.25m

的高度上将飞机拉成两点接地姿态，同时速度减至接地速度，使飞机轻轻接地。

在拉平过程中，飞机的迎角增加，下降速度减小。飞行员应根据飞机的离地距离和下沉快慢，掌握好拉杆的分量和快慢。如高度高、下沉慢，拉杆的动作应适当慢一些；反之，高度低、下沉快，拉杆的动作应适当快一些。拉平中应根据目测，看飞机的下降程度，柔和均匀地收油门，最迟在接地前，把油门收完。此外，为了使飞机平稳地按预定方向接地，还须注意用舵保持好方向。如有倾斜，立即压杆修正。

飞机在接地前会出现机头自动下俯的现象。这是因为飞机在下沉过程中，迎角要增大，由此平尾产生的俯仰稳定力矩会使机头下俯，另外由于飞机接近地面，地面效应的影响增强，下洗速度减小，平尾有效迎角增大，产生向上的附加升力，对重心形成的力矩使机头下俯。故在接地前，还要继续向后拉杆，飞机才能保持好所需的接地姿态。

为减小接地速度和增大滑跑中阻力，以缩短着陆滑跑距离，接地时应有较大的迎角，故前三点式飞机以两主轮接地，而后三点式飞机通常以三轮同时接地。

8.6.4 着陆滑跑

着陆滑跑的中心问题是如何减速和保持滑跑方向。飞机接地后，为尽快减速，必须在滑跑中增大飞机阻力。滑跑中的飞机阻力有气动阻力、机轮摩擦力以及喷气反推力等。滑跑中，保持两点姿态以增大飞机迎角，放减速板，以及使用反推（或反桨）、刹车等都能增大飞机阻力。而飞机的滑跑方向主要靠舵来保持，在着陆滑跑前段，速度大，用舵保持方向；而着陆滑跑后段，速度减小，可以用刹车配合舵来保持滑跑方向。

着陆滑跑的操纵如下：飞机两点接地后，应拉住杆保持两点滑跑，待机头自然下沉接地后，杆中立，随即柔和使用刹车，同时注意用舵保持方向。对后三点式飞机，接地后拉杆，保持升降舵上偏，以压住机尾，保持方向。注意用刹车不能过早、过急。

8.6.5 偏差修正

1. 拉高、拉低和拉飘

拉平过程中，在较低高度上，尚未形成相应的飞机姿态，称为"拉低"；在较高的高度上，过早地改变飞机的姿态，叫"拉高"；如果在拉平过程中飞机高度突然增加叫"拉飘"，如图 8-18 所示。

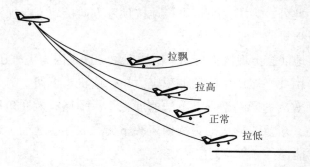

图 8-18 飞机的拉低、拉高和拉飘示意图

拉平时机过早（拉开始高度高），若仍按正常动作拉杆，就会形成拉平高；反之，则拉平低。进近速度过大，飞机升力大，仍按原来的动作和时机拉杆，使得拉平过程中飞机降低高度少，则形成拉平高；反之，形成拉平低。视线过远或过近，导致高度判断不准，如视线过近，误高为低，收油门和拉杆的动作配合不协调，导致拉高。总之，拉平时机早、进近速度大、视线过近而拉杆快，易造成拉平高；反之，拉平低。一旦发现拉高和拉低，飞行员应及时根据情况加以修正：

拉低情况下，应适当增大拉杆量，根据飞机的下沉速度快慢，控制飞机接地，避免飞机重接地。

拉高情况下，应适当减慢或停止拉杆，根据飞机的下沉速度快慢，再继续拉杆，保持飞机的接地姿态。

拉飘后，应适当保持杆力，待飞机下降时，根据飞机的下沉速度快慢，再继续拉杆；如飘起高度较高，且速度小，未能及时修正时，应及时果断复飞。

2. 跳跃

飞机接地后又跳离地面的现象，叫跳跃。跳跃大多是由于接地瞬间迎角突然增加，升力增大，飞机升力与机轮弹力之和大于飞机重力，就会产生跳跃。跳跃通常由于飞机三点重接地或两点重接地而产生。

修正跳跃的基本原则是视线不应离开地面，应保持杆力，由于飞机的速度消失快，只要飞机开始下沉，应及时拉杆，使飞机正常姿态接地，如图8-19 所示。大幅度跳跃最好的处置方法是复飞。

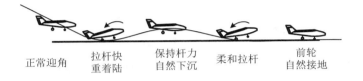

正常迎角　　拉杆快　　保持杆力　　柔和拉杆　　前轮
　　　　　重着陆　　自然下沉　　　　　　自然接地

图 8-19　跳跃修正示意图

8.7　稳态风对起飞、着陆的影响

飞机经常在有风的条件下起飞和着陆，这里研究稳定风场的影响及修正。在稳定风场中，飞机在地面和空中相对于空气的运动是不一样的。

8.7.1　侧滑与偏流

空速与飞机对称面不一致的现象叫作侧滑，如图 8-20（b）所示。飞机带有侧滑，会使作用在飞机上的力和力矩发生变化，并使空气动力性能变差。侧滑可以由飞机上不对称作用力或者飞行员操纵引起。

航径与飞机对称面不一致的状态称为偏流，如图 8-20（c）所示。在空中，稳定风场推动飞机运动形成偏流，合成后的速度为地速，空速不变。偏流对飞机所受的空气动力和飞机姿态没有影响。偏流由风产生，偏流角（D，即 Draft angle）的大小视空速、风速的大小及其方向而定。

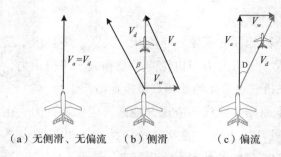

（a）无侧滑、无偏流　（b）侧滑　　　（c）偏流

图 8-20　飞机的侧滑与偏流状态

8.7.2　侧风中滑跑

侧滑所产生的航向稳定力矩，使机头有向侧风来向偏转的趋势；而侧滑所产生的滚转稳定力矩，使飞机有向侧风去向倾斜的趋势，如图 8-21 所示。

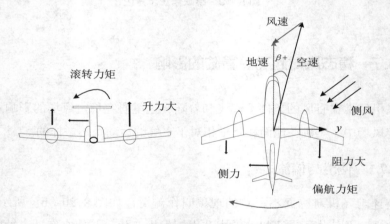

图 8-21　滑跑中侧风的影响

侧风中，不论是起飞滑跑或着陆滑跑，飞行员都应向侧风来向压杆，以克服滚转稳定力矩，防止飞机倾斜，并向侧风去向蹬舵，以克服航向稳定力矩，保持直线滑行。

起飞滑跑时，随速度的增大，舵面效用增强，应相应地减小前轮和方向舵的操纵量，以保持滑跑的方向；压杆量也应随之减小，以保持机翼水平。着陆滑跑则相反。起飞滑跑时，由于飞机具有风向标特性，飞机具有向风的来向偏航的趋势，适当推杆以增大前轮摩擦力，利于保持方向，同时可适当增大抬前轮速度，以增加安全裕度。对于螺旋桨飞机，在起飞滑跑时，螺旋桨副作用和侧风的影响可能相互加强，也可能相互削弱，导致不同的杆舵修正量。

8.7.3　侧风起飞和着陆

1. 空中侧风的修正

飞机起飞和着陆时，飞行轨迹要对准跑道，若在空中遇到侧风，会改变飞机的飞行轨迹，因此需要飞行员修正。空中侧风的修正方法有航向法和侧滑法。

（1）航向法修正侧风

采用航向法修正偏流时，向侧风来向压杆、蹬舵，操纵飞机向侧风方向改变一个航向角，如果改变的航向角正好等于偏流角，则地速方向正好与跑道方向一致，飞机沿着预定的航径飞行，从而修正了偏流；航向稳定时杆、舵回到中立位置，如图 8-22 所示。

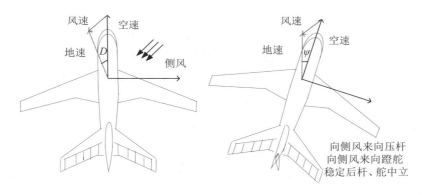

图 8-22　航向法抗风

采用航向法修正侧风，由于飞机的航向与跑道不平行，飞行员不便于根据纵轴方向保持运动方向，增加了判断飞机的运动趋势（航径）和离地高度的困难。航向法的优点在于不受风速限制，一般用于离地一定高度和较大侧风条件下使用，由于飞机不带侧滑，升阻比较大，飞机起落架的设计可以容许着陆时有一定的偏角。

（2）侧滑法修正侧风

采用侧滑法修正偏流时，向侧风来向压杆，使飞机向侧风方向形成坡度产生侧滑，同时向侧风去向蹬舵，以平衡侧滑产生的方向稳定力矩，保持机头方向不变。当侧滑角和未修正前的偏流角相等时，飞机作直线向前，如图8-23所示。

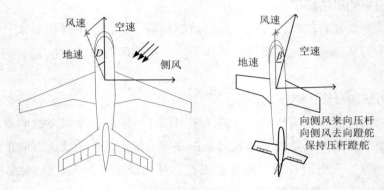

图 8-23　侧滑法抗风

采用侧滑法修正偏流时，飞机的航径与机体纵轴一致，便于根据纵轴保持飞机的运动方向。飞机在侧滑中气动性能变差，升力减小，阻力增大，升阻比减小，下滑角和下降率增加，这些增加了操纵飞机的困难和飞机进入螺旋状态的可能性。同时，某些飞机机翼下挂的发动机和地面十分接近，单纯地使用侧滑进场时，向下的机翼尖及发动机可能会碰到地面，因而对飞机接地时的坡度有一定的限制条件，因此侧滑法修正的最大侧风速度有限。

小飞机在空中可以采用侧滑法或航向法抗侧风，由于起落架的横侧向承载能力低，如果空中采用航向法，需要在接地前将蹬舵转换成侧滑法，并允许单轮接地；大飞机在空中大多采用航向法，其着陆时可以使用侧滑法、航向法或两者混用。随着飞机高度的降低，接近跑道时风速通常会减小，蹬舵并压副翼，使飞机运动轨迹和纵轴接近，但可以有一定的角度侧偏接地，因为大飞机的起落架设计可以承受一定的横侧向载荷。

2. 侧风起飞和着陆

通常飞机结合侧滑法和航向法两种方法抗风。

（1）侧风中起飞

抬前轮时，不能出现飞机向下风方向带坡度的情况。随滑跑速度的增加，适当减小杆、舵量。飞机离地后，应及时用侧滑法修正，待飞机爬升一定高度后改平坡度，转为航向法修正侧风。在侧风中起飞，常使用增大抬前轮速度和离地速度的方法保证起飞安全。

（2）侧风中着陆

着陆进入拉平直至接地前，由于速度减小，需逐渐加大杆舵量。接地前，应适当回杆改平坡度，使两主轮同时接地或向上风方向带小坡度接地。侧风中可适当早放前轮。在前轮接地前，应注意收平方向舵。大型飞机一般在接地前的整个飞行中都采用航向法修正，在最终接地前柔和地向下风方向蹬舵，使飞机纵轴与跑道平行，同时用杆保证飞机不带坡度，改出航向法。

（3）带偏侧接地

飞机纵轴与运动方向不一致的接地称为带偏侧接地。不管是侧滑法还是航向法，如果接地前的改出动作不正确，或改出时间不当，都易造成飞机带偏侧接地。飞机带偏侧接地，机轮上会产生侧向摩擦力，不仅使起落架承受侧向载荷，严重时还可能导致起落架支柱结构受损，也有可能使飞机侧倾，导致翼尖接地，因此应及时修正，避免带偏侧接地。对于前三点式飞机，偏侧不大时，一般可不修正。对于后三点式飞机，必须向地速方向蹬舵加以修正。

（4）侧风极限

用侧滑法修正侧风，必须向来风方向压杆，向去风方向蹬舵。侧风速、侧风角越大，所需的侧滑角越大，修正侧风所需的杆和舵量也越大。当侧风增大到一定程度时，必须蹬满舵才能保持方向不变，这时所能修正的侧风就是侧风极限，如图 8-24 所示。

由图 8-24 可以得到：该飞机飞行允许的最大逆风速度约为 55 节，最大顺风速度为 25 节，最大侧风分量为 34 节；如果风速 50 节，则允许风向与跑道最大夹角为 42°；风速为 40 节，允许风向与跑道最大夹角为 60°；如果风速 50 节，风向 40°，所得侧风分量为约 32 节，表明飞机此时承受的侧风分量约为 32 节。

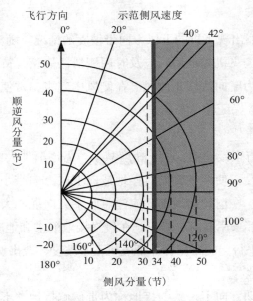

图 8-24　某型飞机风向量图

8.7.4　顺 / 逆风起飞和着陆

1. 顺 / 逆风中爬升和下降

在爬升过程中，水平气流不影响飞机的爬升率，但影响爬升角的大小：顺风使地速增加，爬升角减小；逆风使地速减小，爬升角增大，如图 8-25 左图所示。上升气流使爬升率增加，爬升角增加；而下沉气流使爬升率减小，爬升角减小，如图 8-25 右图所示。

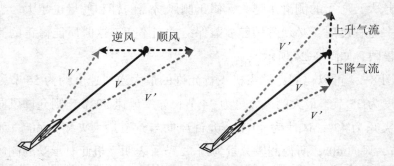

图 8-25　风对爬升性能的影响

在下降过程中，水平气流不影响飞机的下降率，但影响飞机的下滑角：顺风使地速增加，下滑角减小，下滑距离增长；逆风使地速减小，下滑角增大，下滑距离缩短，如图 8-26 左图所示。上升气流导致下滑角和下降率减小，下滑距离增长；下降气流导致下滑角和下降率增大，下滑距离缩短，如图 8-26 右图所示。

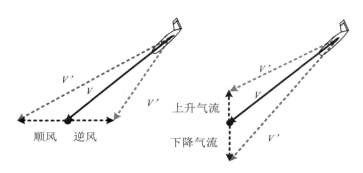

图 8-26　风对下降性能的影响

2. 顺 / 逆风中起飞和着陆

顺风起飞达到抬前轮和离地的空速所需时间长，离地和上升的地速大，起飞滑跑和起飞距离都明显增加。顺风着陆，下降和接地的地速大，下降和着陆滑跑距离长。

顺风着陆，由于地速增加，改出四边转弯的高度要低一些，收油门、保持杆力维持进近速度，在安全高度提早收油门，控制飞机姿态，由于小油门情况下飞机更容易受顺风的影响，飞机气动性能差，所以，飞行员要一边调节油门控制下沉速度，一边果断拉杆改出下滑，以避免由于接地速度大而使飞机冲出跑道。

逆风起飞达到抬前轮和离地的空速所需时间短，所以抬前轮和离地时机提前，离地和上升的地速小，起飞滑跑和起飞距离都明显缩短。逆风着陆，下降和接地的地速小，下降和着陆滑跑距离短。

逆风着陆，下滑点后移，改出四边转弯的高度高一些，四边转弯改出后，根据风速可以少放襟翼或者不放襟翼，加油门增加进近速度，并在安全高度提早收油门，控制速度和姿态，过安全高度后，延缓收油门，由于空速大，舵面效应强，拉杆柔和，防止拉飘。拉平后，地速迅速减小，飞机下沉快，拉杆要快，防止拉不出两点姿态。主轮接地后，立即放前轮，保持杆力，用舵保持好方向。

低空风速和风向常常不稳定，因此，有时需要把前轮抬低一点，适当减小飞机离地迎角，增大离地空速，这样当飞机离地后风速突然增减时，对空速的影响小，升力变化小，飞机不会突然明显地上飘或下沉。

8.8　复飞

飞机着陆能见度低于可着陆的最低标准、突发系统失效（未清楚起落架是否已落下并锁紧、发动机故障）、气象条件恶化（风切变）、着陆场地有障碍（与前方着陆或起飞的飞机间隔不足、跑道侵入）或有其他不宜着陆的条件存在时，中止进近并使飞机转入上升的过程叫复飞。复飞的主要特点是要在速度较小和高度较低的情况下，保证飞机能迅速增速和安全上升。

8.8.1　仪表复飞程序设计标准

精密进近程序的复飞是在飞机下降到决断高度时，如果不能建立目视参考或没有处于能够正常进近着陆的位置，应立即复飞；非精密进近程序是下降到最低下降高度（MDA）时，如果不能建立目视参考或没有处于能够正常进近着陆位置，则不能继续下降，应保持这一规定高度平飞至复飞点，如果至复飞点的过程还是不能转入目视进近，则应当按公布的复飞程序复飞，复飞动作和步骤按照各机型的操作手册执行。

8.8.2　复飞操纵和注意事项

做出复飞决定后，立即将油门推至起飞功率，同时柔和拉杆使飞机转入规定的复飞爬升姿态，把襟翼收到手册中规定的位置；确保飞机有稳定的正爬升率后，收起落架，分次收完襟翼。对于仪表飞行，收襟翼后继续上升到规定高度和规定速度；对于目视飞行，操纵飞机进入复飞起落航线或飞往备降场。如图 8-27 所示。

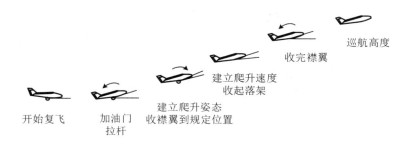

巡航高度

收完襟翼

建立爬升速度
收起落架

开始复飞　　　加油门　　建立爬升姿态
　　　　　　　拉杆　　　收襟翼到规定位置

图 8-27　复飞的操纵流程

复飞流程需要注意的事项：

（1）确认复飞推力到位，保证发动机处于最大功率状态；

（2）在低空复飞，要确认如果没有稳定的正上升率，不要急于收起落架；

（3）遇有风切变时的复飞，不要改变当时飞机的构型，改变飞机构型会瞬间改变飞机的升力和阻力，对改出风切变非常不利；

（4）单发复飞一定要注意用舵控制好飞机的复飞航径；

（5）低高度特别是已经飞越了跑道入口的复飞，要大部分视线监控地面，判断飞机的实际状态和离地高度。

第 **9** 章　特殊飞行操纵技术

由于气象条件的变化或操纵上的问题，飞行员需要掌握特殊情况下的飞行操纵技术，如失速和螺旋的改出，低空风切变、积冰、湍流等特殊大气环境下的飞行，以及特殊机场和飞机状况下的起飞与着陆等。

9.1　失速和螺旋

失速是飞机受到扰动或者飞行员粗猛地拉杆使飞机迎角达到或超过临界（失速）迎角而出现的不正常的飞行现象。

失速的本质是迎角大于临界迎角后：飞机的上翼面上发生严重的气流分离，如图 9-1 所示，机翼表面产生大量漩涡，导致升力急剧下降，阻力急剧增加；飞机减速并抖动，各操纵面传到杆、舵上的力变轻，随后飞机下坠，机头下俯。飞机进入失速，尤其是发展成螺旋，如不能正确判断、及时改出，将会严重危及安全。

小迎角　　　　　　　　　　　　　　　　　　　　大迎角

图 9-1　失速的原因

9.1.1　失速速度

飞机的失速速度（Stalling speed）是考虑法向载荷系数的影响，满足飞机升力的垂直分量与重力平衡的最小速度，取飞机在临界迎角时的最大升力系数 $C_{L_{\max}}$ 时获得的：

$$V_s = \sqrt{\frac{2n_f G}{C_{L_{max}} \rho S}}$$　　　　　　（9-1）

其中 n_f 为飞机的法向载荷系数，小于该速度飞机高度将会下降。

影响失速速度的因素有气压高度、飞机重量、飞机构型、飞行状态等。随着高度的增加，失速速度也会增加；随着飞行重量增加，失速速度增大；放下襟翼等增升装置，飞机的最大升力系数增大，失速速度会相应减小。不同飞行状态下，由于载荷系数不同，失速速度也不同。

稳定飞行时，在其他条件不变情况下，失速速度是固定值。只要不小于失速速度，就不会失速。非稳定飞行时，只要迎角超过临界迎角，飞机就会失速，失速可能会发生在任何飞行状态、速度和重量下。如高速飞行时，在临界马赫数会有激波失速；正常飞行中飞行员过多、过猛地拉杆，都可能失速。飞行中如发现失速预兆，应及时、准确地改出。

9.1.2　失速改出

自然失速（气动）警告是飞机在接近失速状态时，受到不稳定气流作用表现出来的一些特征，主要有：飞机抖动、左右摇晃；杆舵抖动、操纵变轻；速度迅速减小，飞机下降、机头下沉，以及发生噪声等现象。

人工失速警告包括触觉警告（抖杆器、推杆器），以及通过风标式迎角传感器来触发视觉警告（信号灯）和听觉警告（语音）。

抖杆器：失速时有电信号触动驾驶杆上安装的马达，带动偏心轮转动使驾驶杆震动。

推杆器：早于飞机空速降至失速速度前启动，通过液压或电动机械设备，自动将飞机操控杆向前推来减低迎角。

不论在什么飞行状态，只要判明飞机进入了失速，都要及时向前推杆减小迎角，同时注意蹬舵，以防止飞机产生倾斜而进入螺旋，当飞机抖动停止或者抖杆器警告停止后（迎角减小到小于临界迎角后，一般以飞行速度大于 $1.3V_s$ 为准），柔和拉杆改出。从俯冲中改出失速，改出时机应以速度为准，而不能以姿态仪表为准（飞行轨迹下弯，迎角还可能会很大），以避免迎角再次增大导致的二次失速。

失速改出过程中的油门操纵是根据飞机的状态和失速时发动机的状态决定的，在发动机大功率失速时，应减小油门，削弱尾翼的下洗流，进而减小飞机的上仰趋势；在发动机小功率失速时，应增加油门，进而增加升力，防止飞机高度降得太快。

9.1.3 螺旋改出

螺旋是指飞机失速后出现的一种急剧滚转和偏转的下降运动。发生螺旋时，飞机机头朝下，飞机绕空中某一垂轴，沿半径很小、很陡的螺旋线急剧下降，如图 9-2 左图所示。螺旋是飞机超过临界迎角，受扰后机翼自转所产生的，一般是因为飞行员操作不当或遇到突风造成飞机迎角过大而引起的。

螺旋通常有三个阶段：初始螺旋、螺旋的发展和螺旋的改出。初始螺旋从飞机失速并旋转开始，直到完全发展成螺旋为止。发展阶段是飞机的旋转角速度、空速和垂直速度稳定下来的一种状态。由于发生螺旋时，飞机下行机翼的有效迎角 α_e 已超过临界迎角 α_c，该侧副翼已失去效能，因此不能靠压杆改出螺旋，如图 9-2 右图所示。

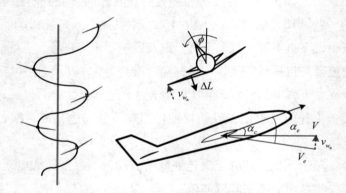

图 9-2 飞机螺旋示意图和产生机理

改出螺旋必须立即收油门到慢车，蹬反舵制止飞机偏转；同时推杆减小迎角，使之小于临界迎角；当飞机停止旋转时，回舵，保持飞机不带侧滑；在俯冲中积累到规定速度时，拉杆改出，恢复正常飞行。

9.2　特殊大气环境下的飞行

9.2.1　低空风切变下飞行

风切变是一种大气现象，是指风向和风速在特定方向上的变化，一般特指在短时间、短距离内的变化。在航空气象学中，600m 以下大气层中风向和风速突然改变的现象称为低空风切变。低空风切变是目前国际航空界和气象界公认的对飞行有重大影响的天气现象之一，是航空界公认的飞机在起飞和着陆阶段的"杀手"。

风切变的强度是指单位距离（或高度）上风速的变化值。按照风切变的强度定义，低空风切变分为轻度、中度、强烈和严重四个级别的风切变，如表 9-1 所示。

表 9-1　风切变的等级

等级	高度变化 30m 时风速的变化值（m/s）	强度（1/s）
轻度	0~2	0~0.07
中度	2.1~4	0.08~0.13
强烈	4.1~6	0.14~0.19
严重	＞6	＞0.19

1. 风切变的分类

风切变可分为水平风切变和垂直风切变。水平风切变是指水平两点间风速或风向的突然变化；垂直风切变是指垂直两点间风速或风向的突然变化。按照飞机相对于风矢量的不同情况，水平风切变可分为顺风切变、逆风切变和侧风切变。

顺风切变发生在飞机从小顺风进入大顺风区域，或从逆风进入无风或顺风区域，以及从大逆风进入小逆风区域时，突变的风速、风向使飞机空速迅速减小，升力下降，飞机下沉，危害较大。着陆时，顺风切变使飞机高度降低，易提前接地，如图 9-3（a）所示。

逆风切变发生在飞机从小的逆风进入大的逆风区域或从顺风进入无风或逆风区，以及从大顺风进入小顺风区时，该切变与顺风切变对飞机产生的效果相反，会使飞机空速突然增加，升力增大，因为飞机高度增加，产生的危害相对小些。着陆时，逆风切变使飞机高度增加，易冲出跑道，如图9-3（b）所示。

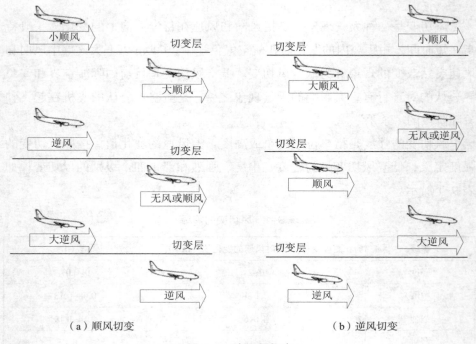

（a）顺风切变　　　　　　　　　　　　　　　　（b）逆风切变

图9-3　水平风切变

　　侧风切变是指飞机从有侧风或无侧风状态进入另一种明显不同的侧风状态，侧风有左、右侧风之分，可使飞机发生侧滑、滚转、偏转，偏离预定下滑着陆方向。飞机着陆过程中若侧风切变层高度较低，飞行员来不及修正，飞机会带坡度或偏流接地，直接影响着陆后的滑跑方向。

　　垂直风切变包括上升气流切变和下冲气流切变。上升气流切变是指飞机从无明显的升降气流进入上升气流区。下冲气流切变是指飞机从无明显升降的气流中进入强烈的下降气流区。如果飞机处于下冲气流中心，会急剧下沉，对飞行的危害很大。如果飞机处于下冲气流四周的不同位置，会产生不同的影响，如图9-4所示。

　　下冲气流切变会使飞机迎角减小，升力下降，飞机突然下降，如果本来高度不高，就有触地危险，而且这时飞行员往往急于拉杆，造成迎角过大，会引起飞机失速。遇到下冲气流切变，应立即加大油门，使飞机进入上升，但飞机能否克服下冲气流的影响，还取决于飞机本身的爬升性能。

上升气流切变，会使飞机迎角增大较多，有可能接近或超过飞机临界迎角状态，若水平安定面来不及抑制时，就可能造成抖动，其至失速下坠。但若上升气流切变未达到使飞机失速的程度，上升气流切变比下冲气流切变危害小。

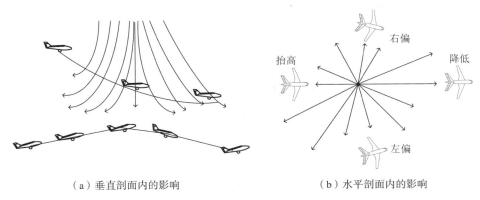

（a）垂直剖面内的影响　　　　　　　　（b）水平剖面内的影响

图 9-4　下冲气流对飞行的影响

2. 风切变下的起飞和着陆

飞机在起飞和下降着陆时，具有速度较小、迎角大的特点。风切变作为一种扰动，若飞行员不加以修正，飞行航径将发生变化，飞机将作俯仰、滚转、偏航的振荡变化，风切变发生的高度越低，对飞行影响越大。

飞机起飞或下降过程中进入顺风切变时，飞机的指示空速会降低，升力明显减小，从而使飞机不能保持高度而下掉；进入逆风切变层时，飞机指示空速迅速增大，升力明显增加，飞机被突然抬升而脱离正常爬升轨迹或下滑线。

起飞时遭遇风切变的危险是飞机失速。起飞中由于飞机不断加速，高度不断增加，飞行员无须判断，只需推大油门，保证飞机的速度和高度增加。着陆时遭遇风切变要求飞行员及早判断，并完全改变着陆操作方式。着陆时由于风切变发生的事故更多。

飞机在进近着陆过程中遇到顺风切变，飞行员应及时加油门增速，并拉杆减小下滑角。由于飞机迎角增大，飞机升力增加，飞行轨迹向上弯曲，当飞机超过正常下滑线后，再推杆增大下滑角，并收小油门，使飞机按原来进近速度沿正常下滑线下滑。

飞机在着陆中遇到逆风切变，飞机高度增加，保持油门，并推杆加大下滑角，使飞机到正常下滑线之下，然后再拉杆，回到正常的下滑线上，使飞机沿正常下滑线下滑。相比顺风切变，逆风切变危害稍小。图9-5给出着陆时遇到风切变的操纵方法。

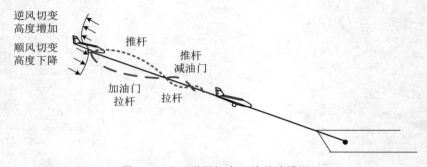

图 9-5　顺 / 逆风切变下的着陆操纵

为了避免低空风切变的危害，养成研究气象预报和天气形势报告的习惯，要会识别风切变即将来临的天气特征。飞行中，在接近雷暴、锋面或飞过地形复杂区域等容易产生风切变的情况下，要提高警惕，做好应变准备。对于强度很大、区域较小的风切变，尽可能绕开，以保证飞行安全。

9.2.2　积冰条件下飞行

积冰是飞机机体表面某些部位聚集冰层的现象，通常是由于云中或降水中的过冷水滴碰到机身冻结而成，也可由水汽遇冷在机体表面直接凝华而成。飞机结冰是飞行安全中一个常见而且威胁很大的因素，几乎每年都会发生因飞机积冰导致的飞行事故。

过冷水滴是水滴温度在冰点以下，不冻结仍保持液态水的状态。过冷水滴是不稳定的，稍受震动，即冻结成冰。当飞机在含有过冷水滴的云中飞行时，空气受到扰动，如果机体表面温度低于0℃，过冷水滴就会在机体表面某些部位冻结，并聚积成冰。当飞机经过冷却的云层或云雨区时，机翼、机尾、螺旋桨或其他部分，常会积聚冰晶。

1.积冰的类型和危害

（1）积冰的类型

飞机积冰的种类大致有明冰、雾凇、毛冰和霜等四种。明冰光滑透明、结构坚实，多在 −10℃～0℃的过冷雨中或大水滴组成的云中形成。雾凇不透明，表面粗糙，多形成在温度为 −20℃左右的云中。毛冰表面粗糙不平，冻结得比较坚固，像白瓷，形成在温度为 −15℃～−5℃的云中。霜是在晴空中飞行时出现的一种积冰，是飞机由低于0℃的区域进入较暖的区域、未饱和空气与温度低于0℃的飞机接触时，直接凝华而成。

飞机的积冰形状通常有三种：楔形积冰、槽形积冰和无定形积冰，如图9-6所示。楔形平滑状积冰往往是明冰，一般表现为沿气流方向的积冰。槽形粗糙冰对飞机空气动力学特征的损害最严重。无定形起伏状积冰多为在混合云中飞行时造成，积冰牢固，在长途飞行中会对飞机带来风险。

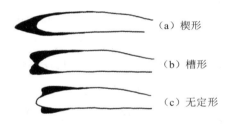

（a）楔形

（b）槽形

（c）无定形

图9-6　飞机上积冰的形状

（2）积冰的危害

飞机积冰对飞机性能的影响主要分为如下两个方面：

①飞机翼面积冰的危害

在机翼或者尾翼表面的积冰，最直接的影响就是会破坏环绕翼型四周的正常气流，使飞机的升力系数减小、阻力系数增加，临界迎角下降，失速速度增加，可能使飞机失速，如图9-7所示。

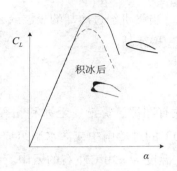

图 9-7 积冰对升力系数的影响

机翼的前缘很容易结冰，会降低缝翼及前缘襟翼等装置的使用效能，使飞机失速时间提前。尾翼更易积冰，平尾结冰使平尾临界迎角减小，会增加其失速的可能性，影响飞机纵向稳定性，使飞机失去俯仰平衡而导致拉杆也无法避免的俯冲现象。垂尾结冰使垂尾临界迎角减小，降低飞机修正侧风的能力。

②飞机部件积冰的危害

螺旋桨积冰：螺旋桨积冰会使螺旋桨失衡，在螺旋桨轴和叶片上所累积的冰会破坏桨叶的气动外形，使拉力减小，降低螺旋桨的效率。桨叶上结冰的不均匀分布会造成螺旋桨的震动现象，这会使应力集中至发动机支撑点或装载架以及螺旋桨本身，损坏结构。当螺旋桨上的积冰有脱落情况发生时，除了会引发剧烈的震动，以及发动机性能降低等问题外，更可能会直接击伤飞机其他部位，对飞机安全造成危害。

推进系统积冰：燃油系统通气管积冰堵塞，会影响燃油的流动，导致发动机功率的下降，也极易造成飞行事故；涡轮螺旋桨或涡桨风扇等发动机的进气道积冰，会使进气量减小，发动机的功率或推力降低。

传感器积冰：在皮托管和静压口积冰，将会使高度、空速、垂直速度及各种仪表发出错误数据指示，直接威胁飞行安全；压力传感器积冰会引起错误大功率指示，导致机组在起飞时使用比实际需要小的推力；天线积冰引起天线折断，严重干扰雷达通信，导致无线电及雷达信号失灵。另外，风挡结冰后会模糊视线甚至损坏风挡玻璃。

2. 积冰下的飞行操纵

积冰后飞机的飞行性能会受到很大影响，如：阻力增大，平飞所需功率或所需推力增加；平飞最大速度、爬升角、爬升率和升限减小；失速速度和平飞最小速度增大，速度范围小；起飞滑跑和起飞距离增大，续航性能变差。

飞行前要做好准备工作，认真研究航线天气及可能积冰的情况，确定避开或安全通过积冰区的最佳方案；检查防冰装置，清除已有积冰、霜或积雪。

飞行中要密切注意积冰的出现和强度，尽量绕开结冰区。一旦发现飞机积冰，应及早接通防冰装置，多发动机飞机要分段接通防冰装置；必要时应脱离积冰区。注意使用防冰和除冰装置后飞机性能的变化。飞机积冰后，尽量保持平飞和安全高度。

在怀疑平尾有结冰情况下着陆时，应按规定小角度地放襟翼或不放襟翼着陆，以增大进近速度，防止平尾失速。

9.2.3　湍流中飞行

湍流是大气的随机、不规则的涡旋运动。引发湍流的原因可能是气压变化、急流、冷锋、暖锋和雷暴，甚至在晴朗的天空中也可能出现湍流。飞机的尾迹也会造成湍流。湍流是一种肉眼无法看见的气流运动，而且经常不期而至。因湍流引发的飞行事故时有发生，因此有必要了解湍流对飞行的影响。

飞机在湍流中飞行，由于随机性外力的作用，飞机的姿态和轨迹会发生变化，产生颠簸、摇晃、摆动以及局部抖动等现象，称为飞机颠簸。颠簸会影响乘机人员的舒适程度，还会造成飞机的疲劳损伤。

水平阵风 Δu 不影响飞机迎角，只改变空速。当突然遇到水平扰动气流时，飞机的迎角未变，空速改变，升力随之变换，飞机高度突然改变，形成颠簸；垂直阵风 $\Delta u'$ 不仅改变了空速大小，还改变了飞机的迎角。当突然遇到垂直扰动气流时，作用在飞机上的相对气流速度改变，迎角也改变，导致飞机升力变化，飞机高度突然改变，形成颠簸，如图 9-8 所示。

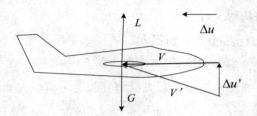

图 9-8　湍流对飞行的影响

1. 飞机颠簸强度等级

设水平阵风风速为 Δu（逆风为正，顺风为负），则水平阵风引起的升力方向载荷系数变化量为：

$$
\begin{aligned}
\Delta n_t &= \frac{\Delta F}{G} \\
&= \frac{\rho(V+\Delta u)^2 SC_L - \rho V^2 SC_L}{2G} \\
&= \frac{\rho V \Delta u SC_L}{G} \\
&= \frac{2\Delta u}{V}
\end{aligned}
\tag{9-2}
$$

设垂直阵风风速为 $\Delta u'$，垂直阵风主要导致飞机迎角发生变化，速度变化很小，可近似地认为不变，则垂直阵风引起的升力方向载荷系数变化量为：

$$
\begin{aligned}
\Delta n_f &= \frac{\Delta F}{G} \\
&= \frac{\rho V^2 SC_{L_\alpha}(\alpha+\Delta\alpha) - \rho V^2 SC_{L_\alpha}\alpha}{2G} \\
&= \frac{\rho V^2 SC_{L_\alpha}\Delta\alpha}{2G} \\
&= \frac{\rho V^2 SC_{L_\alpha}\dfrac{\Delta u'}{V}}{2G} \\
&= \pm\frac{\Delta u'}{\alpha V}
\end{aligned}
\tag{9-3}
$$

其中 α 是无阵风时飞机的迎角，按弧度计算，上升气流为"+"，下降气流为"−"。垂直阵风与水平阵风引起的升力方向载荷系数之比为：

$$\frac{\Delta n_f}{\Delta n_t} = \pm \frac{1}{2\alpha} \tag{9-4}$$

由于飞机的迎角很小，垂直阵风的影响远比水平阵风大，但飞机的法向承载能力远比切向承载能力弱，因此更需要关注飞机的法向载荷系数变化。

根据法向载荷系数变化量的大小，将飞机颠簸分为三个强度等级：轻度颠簸、中度颠簸和严重颠簸，如表 9-2 所示。

表 9-2　颠簸的等级

颠簸等级	飞行状态	载荷系数绝对值的变化量
轻度颠簸	飞机轻微摇摆，被轻轻地抛上抛下、空速表指示时有改变。	< 0.2
中度颠簸	飞机抖动、频繁地抛上抛下、左右摇晃、操纵费力、空速表指针跳动达 2~3m/s。	0.2~0.5
严重颠簸	飞机强烈抖动、频繁地剧烈地抛上抛下、高度改变达 20~30m、空速表指针跳动达 4~6m/s，操纵困难。	> 0.5

2. 湍流中的飞行操纵

由公式（9-3），垂直阵风引起的升力方向上载荷系数变化为：

$$\Delta n_f = \pm \frac{C_{L_\alpha} \rho \Delta u' V}{2G/S} \tag{9-5}$$

则影响法向载荷系数变化的因素有：①垂直阵风强度增加，载荷系数增加；②飞行速度增加，载荷系数增加；③空气密度下降，载荷系数下降；④翼载荷增加，载荷系数下降；⑤升力系数曲线斜率增加，载荷系数增加。

在湍流中飞行的操纵主要考虑如下因素：

（1）最大飞行速度的限制

在湍流中飞行，由于迎角变化，可用最大迎角比临界迎角小一些，平飞最小速度增大一些；由于载荷系数变化，平飞最大允许速度变小，因而平飞速度范围缩小，升降气流速度越大，平飞速度范围越小。

平飞速度范围内，如果选择的速度比较小，当受扰动气流影响时，则迎角变化较大，飞机俯仰摆动和左右摇摆较明显，不利于按仪表保持飞机的状态。如果选择的速度比较大，则受到扰动气流时，升力方向载荷系数变化较大，飞机会产生明显的上下颠簸，也会给操纵带来困难。因此扰动气流中飞行应该严格按照飞机机型规定的颠簸速度飞行。

（2）最大飞行高度的限制

虽然高度高，空气密度降低，载荷系数变化小，但颠簸飞行的最大高度应低一些。因为飞行高度高，相同指示空速下飞行马赫数增加，随着马赫数的增加，相同升力系数时机翼表面的逆压增强，临界迎角和最大升力系数都减小，为了保证足够升力系数裕量，要限制飞行高度的增加。

（3）湍流中的操纵特点

轻、中度扰动气流中飞行时不要急于修正，因为常规布局飞机在扰动气流中具有稳定性。在强颠簸条件下为了防止自动驾驶的信息延迟造成错误反馈，应断开自动驾驶仪，采取人工的方法稳住杆，蹬住舵，防止舵面自由转动，以增强飞机稳定性。飞行颠簸时仪表受到不规则的震动，指示常发生一些误差，因此飞行员应根据地平仪和发动机数据，保持飞行状态。

接近升限飞行时应绕开强上升气流或降低飞行高度，因为飞机可用最大迎角小，为了避免失速，要及时脱离中等强度的颠簸区。

9.2.4　尾流中飞行

飞行中飞机将动量传给空气，对飞机飞过后的空气形成强烈扰动，飞机机尾后的空气扰动形成尾流。尾流由发动机紊流、附面层紊流和尾涡（又称尾流）三部分组成，其中尾涡对飞行的影响最大。有时尾流又专指翼尖涡流形成的尾涡，尾涡是机翼的下洗作用造成的，下洗速度在两个翼尖处最大，向中心逐渐减小，在飞机对称面内减到最小，是形成飞机颠簸的湍流之一，如图9-9所示。

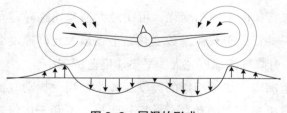

图9-9　尾涡的形成

尾涡离开飞机后会向下移动，称为尾涡的下沉。两条尾涡运动的叠加，形成了飞机的尾流场，因此两条尾涡中间的气流向下运动。

尾涡在接近地面时，有地面效应。左右两股尾涡在接近地面一个翼展的高度时，受地面阻挡，逐渐转为横向移动。有侧风时，尾涡随风飘移，如图9-10 所示。

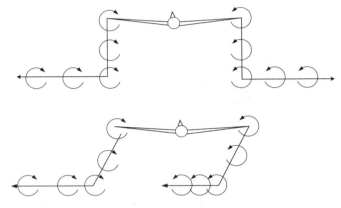

图 9-10　地面和风对尾涡的影响

尾流的强度由飞机的重量、载荷系数、飞行速度、空气密度、翼展长度和机翼形状所决定，与飞机的重量、载荷系数成正比，与飞行速度、空气密度和翼展长度成反比：速度相同，飞机重量大，迎角大，尾涡强度大；重量相同，飞行速度大，迎角小，尾涡强度弱。最大的尾涡强度发生在重量重、速度慢和光洁形态的飞机上。

后方飞机从不同位置和方位进入前方飞机的尾涡时的不同影响，如图9-11 所示：

①后机横穿前机尾涡中心：飞机承受一定的正、负载荷，产生颠簸。

②后机从尾涡中心进入：飞机受到大的滚转力矩而急剧滚转。

③后机从前机正后方进入：飞机受到向下的气流作用产生颠簸。

④后机在前机旁边遭遇尾涡：内侧机翼受到较大的上升气流作用，飞机会向外滚转，被推出尾流。

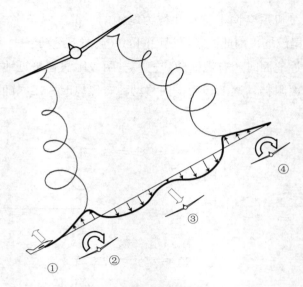

图 9-11　尾涡对飞行的影响

　　预防进入前机尾流的措施是保持距离和高度间隔。尾流间隔标准与飞机类型、飞行阶段和风场条件有关。一般来说，同一空域飞行，两架飞机之间要保持不小于 5 海里的距离和 1000 英尺的高度差。中、小型飞机应在大型飞机起飞离地 3000 英尺之后开始离地、在大型飞机着陆接地点之前 2500 英尺处着陆接地，并且应保持在大型飞机飞行轨迹的上风飞行。机场附近目视飞行，应最少保持 2 分钟的时间间隔（相当于 5 海里）。

9.3　特殊机场条件下的起飞和着陆

9.3.1　高原机场上起飞与着陆

　　飞机在高温高原机场的起飞和着陆性能均变差，一方面由于空气密度减小，使发动机性能降低，推力减小，飞机增速慢，加速到同一表速（参考标准大气海平面）对应的真空速大和地速大，因此滑跑距离长，使起飞滑跑和着陆距离增加；另一方面由于起飞后发动机的剩余推力减小，飞机上升梯度减小，如图 9-12 所示。

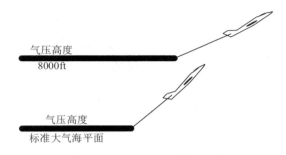

气压高度
8000ft

气压高度
标准大气海平面

图 9-12　高原机场上起飞示意图

起飞时要尽量利用逆风、下坡等有利因素，着陆时要尽可能利用逆风（地速减小）、上坡等有利因素。飞机接地后，正确使用减速装置以缩短着陆滑跑距离。

9.3.2　污染跑道上起飞与着陆

干跑道是指跑道上的积水（或雪、冰等）覆盖面积小于或等于跑道总面积的 25%。湿跑道是指跑道上的积水（或雪、冰等）覆盖面积大于跑道总面积的 25%，但其厚度小于或等于 3mm。如果跑道上的积水（或雪、冰等）的覆盖面积大于跑道总面积的 25%，而且其厚度大于 3mm，则被认为是污染跑道。污染跑道又分为硬污染（压缩的雪和冰）和液体污染。硬污染跑道降低摩擦力，只影响刹车或减速效果；液体污染跑道，降低摩擦力，增加附加阻力和滑水可能性，不仅影响刹车，也影响加速。

积水跑道由于轮胎与道面之间的摩擦系数降低，着陆滑跑距离将增长。当水深超过 2.5mm、速度增加到一定值时，水层会挤入轮胎与道面之间，产生流体升力和阻力，其合力为 F，如图 9-13 所示。

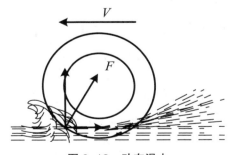

图 9-13　动态滑水

这种情况下，流体升力会将轮胎抬起，减小机轮与道面之间的接触面积，使摩擦阻力减小，这种现象叫作"动态滑水"，此时的速度被称为"动态滑水速度"。轮胎离开跑道表面，没有方向控制作用，且刹车效应为零，着陆滑跑距离明显增长。

预防动态滑水现象的措施有：①不在积水过深的跑道上起飞和着陆。②减小接地速度，扎实接地。③充分利用空气动力减速，晚放前轮。④速度减到临界滑水速度下，再使用刹车。

在积雪跑道上飞机减速容易，增速难。当积雪很厚时，飞机阻力增大、起飞滑跑距离增加；起飞时应尽量减轻重量，采用大油门起飞。避免大侧风起飞、着陆。在半融雪跑道上，飞机高速滑跑时也会产生动态滑水现象，处置方法与积水跑道相似。

积冰跑道摩擦系数减小，起飞困难，尤其在伴随侧风或道面不平的情况下，很难保持方向，着陆滑跑距离也成倍增加，通常不建议起飞和着陆。操纵中要避免顺风和大逆风着陆，要做到扎实接地，撞碎冰层，以增大摩擦力，并要及时使用刹车装置。

9.3.3　短跑道上起飞与着陆

短跑道的特点是可用跑道短，因此应尽量缩短起、降滑跑距离。由于障碍物的限制，有效着陆可用距离短，等同于短跑道着陆，如图 9-14 所示。

图 9-14　短跑道着陆

确保跑道长度在飞机的极限起飞性能之内，尽可能使用最大功率、逆风、下坡起飞并减小飞机起飞重量，尽量在跑道头起飞。升空后，如果地形受影响，采用最大爬升角速度越障。超过障碍物后，适当减小姿态，加速并保持最佳爬升率速度上升。

　　飞机要符合短跑道着陆的重量限制，尽量减小着陆重量，降低接地速度，最后进近段使用全襟翼，保持较大的下滑角和着陆参考速度 V_{REF}，经过拉平、无平飘阶段，以最小可操纵速度和无功率失速姿态接地。

9.3.4　松软道面上起飞与着陆

　　草地、沙滩、泥泞地、雪地等软道面的特点是摩擦力大，飞机减速容易、增速难；滑跑方向不易保持，场地不平飞机易跳跃，前轮抬起高度不易控制。

　　在软道面上起飞应尽可能采用两点滑跑，稍早向后拉杆以减小前轮正压力，以较小速度尽早升空，离地后增速。对于小飞机离地后，应柔和降低机头，在不脱离地效中平飞增速，使飞机保持小角度飞行，平飞加速至最佳爬升率速度后转入上升。如果净空条件不好，则平飞加速至最大爬升角速度后转入上升。

　　在软道面上着陆应减小接地速度，使飞机以最小速度接地，尽可能保持两点滑跑。主轮接地后，应拉杆直到气动力不能保持两点滑跑为止，再让机头柔和接地。滑跑中应避免使用刹车。

9.4　特殊飞机状况下的着陆

　　飞机飞行过程中，由于操纵上的问题或气象条件的变化，飞机本身会出现特殊情况，如襟翼故障、起落架故障和发动机故障等。飞行员应了解飞机在这些特殊情况下的飞行性能，一旦遇上这些特殊飞行情况，应谨慎操作，及早改出或脱离。

9.4.1　不放襟翼着陆

　　遇到襟翼故障、侧逆风、积冰、强紊流时，一般不改变襟翼形态着陆。放下襟翼后，升力系数、阻力系数都增大，但阻力系数增加的比例比升力系数增加的比例大，因此升阻比小，对应的最小阻力速度减小，飞机进近速度减小、下滑角增大，如图 9-15 所示。

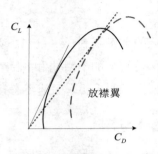

图 9-15　放襟翼后的极曲线变化

不放襟翼着陆，飞机升、阻力系数小，升阻比大，飞机进近速度大、下滑角小；开始拉平高度要稍低，防止拉高；由于进近速度大，操纵动作应柔和，易目测高，如图 9-16 所示。

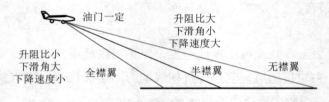

图 9-16　襟翼偏角对着陆下降的影响

9.4.2　起落架故障着陆

起落架故障着陆是指飞机着陆前，前或主起落架放不下来或放不好，处置后仍无效情况下的着陆。放下起落架后，阻力增加，最大升阻比减小，对应的最小阻力速度还要减小，下滑角和下降速率都会增大，如图 9-17 所示。

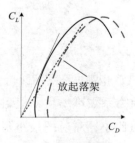

图 9-17　放起落架后的极曲线变化

在空中出现单侧主起落架故障，由于阻力不对称，飞机向起落架放下一侧偏转，这时应向未放下一侧蹬舵。同时由于飞机重心横移，飞机向起落架放下一侧滚转，这时应向未放下一侧压杆。

主轮接地后，应尽早放下前轮滑跑。随着速度减小，应不断增大杆舵量。单轮着陆，一般不宜使用刹车，以防止方向突然偏转。飞机会向未放下一侧倾斜，向放下一侧偏转（地面对主轮反作用力和主轮与地面的擦阻力），因此要向放下一侧压杆，同时向未放下一侧蹬舵。

前起落架故障可按正常的着陆程序着陆。操纵中要强调轻两点接地。接地后应随速度减小及时不断地增加拉杆量，使飞机尽可能保持上仰姿态。两点滑跑阶段不应使用刹车，直到拉杆到底也不能保持飞机两点滑跑时再让机头柔和接地。

9.4.3　停车迫降

发动机停车后，最大升阻比减小，最小阻力速度减小。升阻比减小，下滑角和下降速率都会增大，如图 9-18 所示。

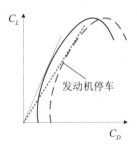

图 9-18　发动机停车后的极曲线变化

发动机停车后下降，如果高度较高，可在 360 度范围内选择迫降场地；如果高度较低（如起飞中），应选择前方 180 度范围内迫降；飞机停车后一般使用最小阻力速度下降，以实现最小下滑角，使下滑距离最长，如果停车时速度较大，一般采用先升后降的方法；停车迫降要注意调整放襟翼的时机和角度，放襟翼时机一般应根据目测的高低来决定；场内迫降，放起落架的时机应根据目测进行；场外迫降，按需放起落架。场外放起落架，会致使飞机进入偏转翻滚，可能致使起落架连带部分机体脱离。

停车下降转弯时，坡度大，飞机损失的高度就大，飞机的失速速度也越大。停车迫降目测宁高勿低。根据情况可采取如下方式修正：

（1）当目测高时，可采用前向侧滑法、S 形转弯来修正；

（2）在较宽的场地上迫降时，可利用四边转弯改出的时机来控制高低；

（3）对于场内迫降，还可调整放起落架的时机来修正目测高。

飞机着陆时，如果速度大，可以利用前向侧滑法减速。前向侧滑中机头的方向和跑道走向不一致的，如图 9-19 右图所示。它的实现是先蹬舵后压杆，飞机向右倾斜，而机头向左翘，则飞机运动轨迹沿着跑道方向。飞机的侧向侧滑法是用来抗风，而前向侧滑是通过增大迎风面积，以增加飞机的整体阻力，降低飞机的下降速度。

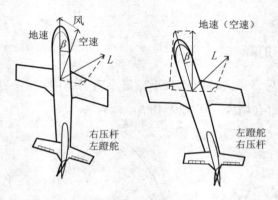

图 9-19 侧向侧滑（左）和前向侧滑（右）

若飞机所有发动机失效，无功率迫降情况下，飞机需要像滑翔机一样，通过不断调整自身的姿态，使飞机受到的空气阻力与速度协调、机翼产生的升力与自身重力协调，才能以合适的下降速度和角度着陆。此外，飞机还有辅助动力装置（APU）用于应急，现代飞机还能通过自己携带的蓄电池，来保证少数重要部件和重要仪表的短时间工作。

重要概念回顾

[1] 飞机在空间有六个运动状态，包括三个姿态运动_____、_____、_____和三个位置运动_____、_____、_____，其中_____、_____是间接控制实现的。

[2] 内侧滑通常由_____产生，外侧滑由_____产生。

[3] 着陆目测的要点是保持规定的_____、_____、_____。

[4] 飞行过程中侧风校正的方法有_____和_____。

[5] 飞行速度的改变可以通过飞行员_____和_____来实现。

[6] 前三点式飞机在滑行过程中的航向稳定性_____后三点式飞机。

[7] 平飞速度范围分解点速度为_____，在第二速度范围将有_____现象。

[8] 以_____为界，将上升速度分为两个范围。

[9] 以_____为界，将下降速度分为两个范围。

[10] 从平飞进入盘旋是通过同时_____和_____的方法来实现的。

[11] 飞机由平飞转入上升一般同时采用_____和_____两种措施。

[12] 在稳定盘旋阶段用杆保持_____和_____，用舵保持_____，用油门保持_____，_____正确配合是做好稳定盘旋的关键。

[13] 盘旋时外侧滑时产生侧力_____，侧力的垂直分力_____，使盘旋高度_____，水平分力_____向心力，使盘旋半径_____。侧滑还导致两翼产生升力差使飞机坡度_____。

[14] 盘旋时内侧滑时产生的侧力_____，其垂直分力_____，使盘旋高度_____，水平分力_____了向心力，使盘旋半径_____。侧滑导致的两翼升力差使飞机坡度_____。

[15] 以右转螺旋桨为例，在盘旋进入阶段，螺旋桨的_____作用明显，使飞机有_____趋势，_____也较明显，使飞机有_____

趋势。故进入右盘旋的杆、舵量相对_____，进入左盘旋的盘舵量相对_____。

[16] 以右转螺旋桨为例，在盘旋稳定阶段，飞机螺旋桨的_____较明显。右盘旋中，进动使机头_____，飞行员拉杆，产生_____，进而产生_____，导致坡度_____。因此，向右盘旋时飞行员应_____一些舵，向左盘旋时则_____。

[17] 改出右盘旋，飞机有_____和_____趋势。因此杆、舵量_____。

[18] 喷气式飞机的起飞滑跑方向容易保持，其原因一是_____，二是_____。

[19] 前三点式飞机是由飞行员_____产生上仰操纵力矩，使飞机作两点滑跑。随着滑跑速度的增大，_____增大，_____将会增大。因此当飞机接近预定离地姿态时，应_____保持姿态，待飞机自动离地。飞机离地后，机轮摩擦力消失，飞机有_____趋势，应_____保持姿态。

[20] 后三点式飞机在两点滑跑中，飞行员是_____，_____升降舵来保持滑跑的，随着速度增大，下俯操纵力矩_____，将使迎角_____，飞行员虽_____以保持两点滑跑，但在到达离地速度时，迎角仍会有_____的趋势。所以必须向_____，增大迎角飞机才能离地。

[21] 飞机在下沉过程中，迎角要_____，由此产生的_____会使机头下俯，另外由于飞机接近地面，_____的影响增强，_____减小，平尾有效迎角_____，产生_____的附加升力，对重心形成的力矩使机头_____。

[22] 拉平时机_____、下降速度_____、下滑角_____、视线_____易造成拉平高。

[23] 要做好着陆目测，关键是做到以下四点：_____、_____、_____、_____。

[24] 顺风中的滑行，风会吹跑飞机，避免_____，油门_____，尽量_____使用刹车。

［25］侧风中的滑行，飞机向_____偏转，向_____倾斜的趋势，应该向_____偏转前轮、蹬舵或刹车，保持直线滑行。向_____压盘，保持两翼水平。

［26］顺侧风滑跑，风从后侧面吹来，上风方向副翼_____，增加_____，防止风作用垂尾的_____；升降舵_____，防风从底面吹过，把飞机掀翻。

［27］逆侧风中的滑行，向侧风方向_____，上副翼_____，保持两翼水平。飞机向侧风方向_____，向侧风反方向_____，保持直线滑行。

［28］修正偏流的方法主要有两种：一是_____，二是_____。

［29］失速的本质是_____后，飞机的上翼面上发生严重的_____，产生大量漩涡，导致升力急剧_____，阻力急剧_____。

［30］不论在什么飞行状态，只要判明飞机失速，都要_____，以_____迎角。

［31］_____与飞机对称面不一致称为偏流。_____与飞机对称面不一致形成侧滑。

［32］下滑点：_____。

［33］在空中出现单侧主起落架故障时，由于_____，飞机向_____一侧偏转，这时应向_____一侧蹬舵。同时由于_____，飞机向起落架_____侧滚转，这时应向_____一侧压盘。

［34］在地面上出现起落架故障时，飞机会向_____一侧倾斜，向_____一侧偏转，因此要向_____一侧压杆，同时向_____一侧蹬舵。

［35］发动机停车后，最大升阻比_____，该点对应的最小阻力速度_____。

［36］飞机放下襟翼后，升力系数、阻力系数_____，但阻力系数增加的比例比升力系数增加得_____，因此最大升阻比_____，对应的最小阻力速度_____。

［37］放下起落架后，最大升阻比_____，对应的最小阻力速度_____。

［38］升阻比减小，下滑角和下降速率都会_____。

［39］垂直阵风不仅改变了空速_____，还改变了飞机的

_____。

［40］水平阵风（不考虑侧风）不影响飞机_____，只改变

_____。

［41］机翼自转是当迎角超过_____，只要飞机受一点扰动而获得一个初

始角速度开始滚转，下沉机翼迎角_____，超过了_____，升

力系数急剧_____，上扬机翼的升力_____下沉机翼的升力，

加剧飞机的_____趋势，飞机就会以更大的滚转角速度绕纵轴自动

旋转。

第五部分

自动飞行系统和案例分析

导读

飞机的自动飞行系统可以减小飞行员的工作量，特别是在按照仪表飞行规则（Instrument Flight Rules，IFR）运行的时候，让自动驾驶仪帮助飞行员完成一些辅助工作，比如航向、速度、高度保持，这样飞行员可以集中精力去完成其他一些与飞行安全相关的工作，比如导航设置、仪表监控、观察交通、路空通话和检查发动机等。

虽然自动驾驶仪在控制飞机，但是飞行员还是有责任去控制飞行的。飞行员需要监控自动驾驶仪功能，时刻跟踪飞机的位置和状态，这样，即使自动驾驶仪出了问题，也可以轻松地接手控制飞机。如果飞行中出现异常或者自动驾驶仪故障，应立即断开自动驾驶仪，任何时候都不要试图完全依靠自动驾驶仪去完成飞行员自己无法完成的任务。

使用自动驾驶仪的两个最重要准则是：

1. 自动驾驶仪关闭时，飞行员控制飞机；

2. 自动驾驶仪打开时，飞行员监控飞机并控制自动驾驶仪。

第❿章　自动飞行操纵系统

自动飞行操纵系统是通过飞行员操作设定，或者由导航设备接收地面导航信号，来控制飞机运动的计算机系统。自动飞行操纵系统主要指自动驾驶飞行指引系统（Autopilot flight director system，AFDS），但还应配合自动配平系统（Auto trim）、偏航阻尼器（Yaw damper，YD）、失速保护和飞行包线保护等辅助系统共同实现自动飞行。

10.1　空客和波音飞机设计理念

波音 737 飞机的中央操作杆（Yoke）在飞行员面前，和驾驶汽车的方向盘一样，能增强飞行感受和飞行体验，让飞行员更像是飞机的主人。而空客320 飞机采用侧方操纵杆（Side stick）对飞机进行操纵，驾驶杆设计的主要目的是让飞行员能清晰地关注到驾驶舱显示器上的所有数据，从而更有利于飞行员做出决策。

波音 737 飞机的设计理念更侧重于飞行员的主观能动性，飞行员可以直接操纵驾驶杆偏转舵面控制飞机，飞行员的权限可以超过自动驾驶仪的权限；而空客 320 在飞行员和飞行操纵杆之间加入一个计算机，过滤掉飞行员人为产生的异常操纵指令，飞行员只要操作飞行程序，通过计算机间接控制飞机。

但当飞机发生部分故障时，空客飞机 320 和波音飞机 737 一样，逐级取消飞行员和操纵系统之间的计算机监控和过滤级别，把紧急情况下的处理权限交给飞行员。

10.2 自动驾驶飞行指引系统

自动驾驶飞行指引系统由以下几部分组成：自动油门（Auto throttle, AT）、飞行指引仪（Flight director, FD）、自动驾驶仪（Auto pilot, AP）、推力管理计算机（Thrust management computer, TMC）、飞行管理计算机（Flight management computer, FMC）和方式控制面板（Mode control panel, MCP）。AFDS 负责从起飞后到自动着陆之前所有阶段的自动飞行，TMC 用于控制自动油门，而 FMC 负责水平导航和垂直导航。MCP 是飞行员与 AFDS 交流的界面。图 10-1 和图 10-2 分别是波音 737 和空客 320 的 MCP，不同型号的飞机所装备的 MCP 功能模块相近，但各个模块之间的逻辑关联规则有所区别。

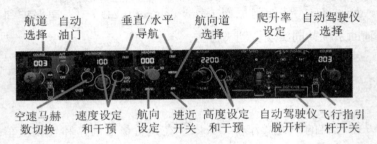

图 10-1　波音 737 的方式控制面板

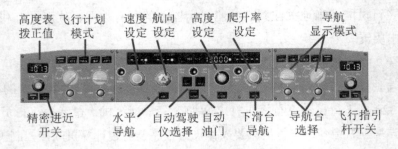

图 10-2　空客 320 的方式控制面板

飞机的自动飞行是采用先选择变量值，然后由物理电门确认的方式实现飞行模式转换，这种方式减小选择失误的可能性，提高了飞机操作的安全系数。通常可选择的变量有航道、目标速度、目标航向、目标高度和目标爬升率等，需要物理电门确认的有自动驾驶仪开关、飞行指引开关、自动油门开关、自动进近开关和着陆系统开关等。

10.2.1　自动驾驶仪

自动驾驶仪（Auto pilot，AP）是通过飞行控制计算机实现的，它接收来自航空电子系统的航向、姿态、高度和速度信号，与当前飞行状态对比，计算控制舵面偏转大小，并驱动舵面，使飞机稳定或者进行状态转换，通常可以实现如下功能：

（1）保持三轴的姿态稳定；

（2）改变飞机的航向、速度和高度；

（3）与飞行管理计算机配合，按照预定的轨迹飞行；

（4）与仪表系统配合实现自动进近和着陆。

通常自动驾驶仪的适用范围是除了起飞以外所有阶段，按压 MCP 上的自动驾驶仪选择按钮，实现自动驾驶仪接通。当机长是操纵飞行员时，使用 1 号自动驾驶仪；当副驾驶是操纵飞行员时，使用 2 号自动驾驶仪。这确保在同一时刻，只有一部自动驾驶仪处于工作状态。自动驾驶仪在飞机离地一定高度开始接通，一直可用到着陆滑跑。通常需要在无线电高度 1500 英尺以上接通进近开关（波音 737）或下滑台导航按钮（空客 320），让飞机沿仪表着陆系统（Instrument Landing System，ILS）信号进近着陆。

在大多数情况下，同一时刻只能接通一部自动驾驶仪。但使用 ILS 进近，在自动着陆时需要两部自动驾驶仪同时接通，管理计算机随时比对两个自动驾驶仪的数据，为完成自动着陆或低高度复飞提供最佳的安全裕度。

有多种方法可以脱开自动驾驶仪，通常可以按压驾驶杆上的自动驾驶仪断开按钮，方便飞行员边操纵飞机，边脱开自动驾驶系统；或按压 MCP 上的自动驾驶仪脱开杆（波音 737）或再次按压自动驾驶仪选择按钮。波音 737 飞机还可按压人工配平按钮，以断开自动驾驶仪，或者在仰俯和横滚方向施加足够大的力，人工强行断开。

10.2.2　飞行指引仪

飞行指引仪（Flight director，FD）接收 FMC 的信息，作用是将飞机的实际飞行轨迹与预选路线进行比较，算出应飞姿态角，再与实际姿态角进行比较，将其差值送给指引针伺服系统，使指引针偏离姿态指示器上的小方框，指示出俯仰和横滚指引指令的大小和方向，如图 10-3 中十字所示。

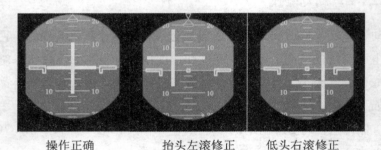

操作正确　　　　　　抬头左滚修正　　　　　　低头右滚修正

图 10-3　十字形指引仪

飞行指引仪不同于飞机上的指示仪表，指示仪表只是提供飞机当前状态信息，而飞行指引仪会指示飞行员如何去操纵飞机。指引仪表在飞机上有方位指引、姿态指引、仪表着陆指引。飞行指引系统直接向飞行员发出操纵飞机的指令，保证飞机按照给定航径飞行。

10.2.3　自动油门

自动油门系统（Auto throttle，AT）通过驱动油门杆改变发动机推力，进而对发动机推力或飞机速度（或马赫数）进行控制，使用的传感器信息是大气数据计算机的飞行速度（或马赫数）。

自动油门系统可以实现对发动机转速的全程自动控制，既能减轻飞行员的疲劳，又可实现最佳推力飞行，同时还可节省燃油，并延长发动机寿命。当然，遇到颠簸等特殊情况时是要断开自动油门的。自动油门默认两个发动机都正常工作，因此在单发动机的情况下不能接通自动油门。

自动油门经常与自动驾驶仪配合使用，精确控制飞机的航径、姿态及速度。一般来说，自动驾驶仪和自动油门是两个相对独立的系统，通常断开自动驾驶仪不会断开自动油门系统。当 AT 和 AP 衔接工作的时候，AT 根据 AP 的要求调整其推力大小。

10.3　自动配平

飞机自动配平系统（Auto trim）主要用于补偿飞行时由于速度、重心以及气动外形的变化而导致的力矩不平衡。运输类飞机适航标准（CCAR-25）对民用运输机的三轴配平有着明确的要求：要求飞机在正常预期的运行条件下，当重心在有关的使用限制范围内有最不利的横向移动时，飞机必须能维持横向和航向配平；要求飞机在最大连续功率（推力）爬升或无功率下降过程中，无论襟翼处于收起位置还是起飞/放下位置，或飞机进行平飞加/减速时，都要能维持纵向配平。因此民用飞机必须设计配平系统来满足平衡的各项要求。民用飞机的配平系统主要有自动驾驶仪配平、马赫数配平和速度配平。

10.3.1　自动驾驶仪配平

自动驾驶仪接通状态下的配平由飞行控制计算机控制，其作用是在平衡状态下消除作用在自动驾驶仪舵机上的铰链力矩，避免自动驾驶仪断开时舵机负载突变产生过大的扰动。目前部分飞机的自动配平限于俯仰通道，为实现俯仰自动配平，飞机可选择采用可动的水平安定面和配平调整片作为配平机构。通常大型飞机会利用水平安定面进行有限行程的俯仰配平，而支线客机和商务/通用飞机多采用调整片实现俯仰自动配平。

10.3.2　马赫数配平

飞机跨声速飞行时，由于马赫数增大和气动力焦点后移，使飞机自动进入俯冲，称为马赫俯冲。为克服这种危险，需要采用马赫数配平系统。它由马赫数传感器、配平计算机和配平舵机组成。当飞行速度超过临界马赫数时，马赫数传感器才输出信号给配平计算机。计算机的输出指令驱动配平舵机转动舵面或水平安定面，以补偿焦点后移所产生的低头力矩，自动平衡纵向俯仰力矩。马赫数配平系统是在马赫数达到某值（例如 $0.86Ma$）才开始工作。

10.3.3　速度配平

速度配平在放下襟翼（起飞或着陆的低空飞行时）或复飞阶段的低速、高推力阶段使用，目的是防止飞机失速。发动机保持稳定的推力，以速度作为配平系统的输入，飞机通过改变俯仰姿态，来调整空速大小。在小重量、后重心、大推力状态下，飞机的人工操纵品质会变差，此时速度配平系统会辅助操纵。例如，当空速高于配平速度时，速度配平轮会向后旋转，拉杆力增加，使机头抬高，增大爬升率来改变空速，反之亦然。

速度配平仅在自动驾驶未衔接时工作，并且未使用人工配平情况下开始接通，一旦任何其他方式配平衔接后都会断开。

10.4　偏航阻尼器

偏航阻尼器的作用是保持由于荷兰滚和气流颠簸而引起的飞机绕其垂轴的稳定性。在飞行过程中，偏航阻尼器给出指令使方向舵与飞行的偏航力矩成比例、并向其相反的方向移动。这样可以将有害的偏航运动保持在最小范围内，并使飞行更加平稳。

在飞机设计中，当横航向静稳定性的匹配关系不能获得满意的荷兰滚特性时，应在操纵系统中采用偏航阻尼器，以增强对荷兰滚飘摆运动的抑制。此外，即使匹配关系满足要求，但由于荷兰滚阻尼正比于空气密度，通常飞机在 11 千米高空飞行时，荷兰滚阻尼太低，不能满足飞行品质要求，也需要使用偏航阻尼器。

偏航阻尼器在起飞前接通，着陆后断开，在整个飞行阶段使用。可以单独使用，也可以和自动驾驶仪配合工作。大型飞机一般还配备滚转和俯仰通道的阻尼装置。

10.5　自动失速保护

大小飞机都有失速保护系统。小飞机的失速保护系统通常只接收空速数据，大飞机的失速保护系统可以接收空速、迎角、姿态、高度、推力、襟缝翼位置、防冰构型等数据，以综合判定飞机是否临近或进入失速，并向相关系统发送信号。这些系统共同工作以帮助飞行员识别失速，并防止进一步失速。

当自动失速保护系统工作时，飞行控制计算机通过调节升降舵、水平安定面、推力（自动油门系统）等多个部件来控制飞机的姿态和速度，实现低头配平。后期的波音 737 的飞行控制计算机还会协调升降舵感觉转换模块（EFSM）增加驾驶杆的感觉力，大约可以增大四倍，保证飞行员不能轻易手动操纵驾驶杆抬头，以保证自动配平。

10.6　飞行包线保护

先进的电传操纵飞机为了进一步提高飞行安全性，具备飞行包线保护系统。由于操纵、规划、紊流、阵风等因素，可能导致飞机超出飞行包线。当达到飞行包线保护阈值时，首先通过触觉（抖杆、杆力增大）、听觉（告警）和视觉（机组告警消息、角度指示器变色）等信息提示飞行员，同时自动飞行包线保护功能通过自动驾驶和自动推力使飞机回到正常飞行包线内。飞行包线保护功能不会减少飞行员的操纵权限，但对保障飞行安全、减轻飞行员工作和心理负担有很重要的作用。

只有在飞机无故障发生条件下，飞行包线保护功能才全部有效。一般飞行包线保护包括：速度保护（失速或迎角保护、过速保护）、姿态限制（俯仰角、滚转角限制）、姿态角速率限制（角速率、载荷系数限制）等。由于设计理念不同，波音飞机和空客飞机在包线保护设计依据、保护范围和运行逻辑上均有所不同，下面分别予以说明。

10.6.1　大迎角保护

大迎角保护是空气动力保护的一种，防止飞机在机动或阵风中失速。若有任何原因导致飞机迎角超出正常飞行包线，自动俯仰配平停止，大迎角失速保护将给驾驶杆一个持续低头指令，以保持当前迎角不超过最大迎角。

波音 787 飞机根据失速速度进行迎角保护：当空速降至最小机动速度（1.3g 载荷系数下的抖杆速度，1.3g 载荷系数在平飞中带 40 度坡度时出现）

时，失速保护将禁止飞机向抬头方向配平，推杆力自动增大，飞行员必须持续施加拉杆力才能使飞机速度低于最小机动速度，如果速度减小至抖杆速度，自动油门将接通速度模式（SPD）增大推力以维持最小机动速度或方式控制板（MCP）选择速度中的较大值，发动机指示与机组告警系统显示警戒级消息"AIRSPEED LOW（空速低）"。如果此时飞行员松开驾驶杆，则飞机速度会自动返回到迎角保护速度。大迎角保护优先级别最高，使失速或失去控制的危险减至最小。

空客 380 飞机的大迎角保护是根据最小机动速度、保护迎角和迎角平台（处于保护迎角和最大迎角之间）设计的。当迎角大于保护迎角时，大迎角保护被激活，确保迎角在任何情况下都不会超出正常限度内的最大迎角。当迎角保护激活时，俯仰控制系统将迎角始终控制在保护迎角和最大迎角之间。为避免使用小推力低速飞行，当迎角超过迎角平台时，无论油门杆的位置和自动推力是否处于接通状态，迎角平台功能都将自动使用起飞 / 复飞（TO/GA）推力。

10.6.2 高速保护

当飞机以超过 V_D/M_D（最大设计俯冲速度 / 马赫数）飞行时，由于气流载荷大，飞机操纵的难度和飞机结构损坏的可能性加大。因此，飞行速度超过 V_{MO}/M_{MO}（最大操纵速度 / 马赫数）时，自动驾驶仪断开，超速保护将给飞机一个持续抬头指令，帮助飞机恢复正常的飞行状态。V_{MO}/M_{MO} 和 V_D/M_D 间的裕度必须足够大，这样在任何可能超出正常飞行包线范围时都不会导致大的问题。

波音 787 飞机当空速增至 V_{MO}/M_{MO} 时，过速保护将禁止飞机向低头方向配平。与失速保护类似，飞行员必须持续施加推杆力才能使飞机速度高于 V_{MO}/M_{MO}，发动机指示与机组告警系统将显示警告级消息"OVERSPEED（超速）"。

空客 380 系列飞机在 V_{MO}+4 节或 M_{MO}+0.006 时触发超速告警，发出连续重复钟鸣声并显示主警告灯，在 V_{MO}+10 节或 M_{MO}+0.02 时激活高速保护，在 V_{MO}+15 节或 M_{MO}+0.04 时断开自动驾驶。当高速保护激活时，坡度角限制为 45 度，俯仰配平冻结在当前位置，如果前推驾驶杆到底，速度稳定在 V_D-10

节 /M_D-0.02，如松驾驶杆，速度降至 V_{MO}/M_{MO} 以下。

10.6.3　滚转姿态保护

滚转角保护可防止飞机进入大滚转角状态，以防飞行员误操纵，并减小飞机载荷系数过大的危险。滚转角保护让飞行员对操纵面的偏转范围有全部支配权，进而有效地进行所需的横滚机动。

对于波音 787 飞机，当滚转角超出坡度角保护阈值 35 度，滚转角保护就通过自动驾驶给主飞行计算机发送指令，通过作动器控制驾驶盘，使飞机滚转角回到 30 度。如自动驾驶无法接通，则滚转角保护不可用。当滚转角超过 35 度，主飞行显示滚转角指示器变为琥珀色。

对于空客 380 飞机，在正常飞行包线内最大滚转角规定为 67 度（对应于 2.5g 平飞），在高速保护时（以避免螺旋俯冲）为 40 度，在大迎角保护时为 45 度。当飞机的滚转角大于 33 度时，若飞行员松开驾驶杆，飞机的滚转角会自动回到 33 度。

10.6.4　俯仰姿态保护

空客 380 飞机自动飞行包线保护设计还考虑了俯仰姿态保护。过大的俯仰姿态导致机头向上、姿态过大，使飞机的速度明显降低，飞机快速损失动能，或者机头向下、姿态过大，飞机速度明显增加，飞机快速获得动能。

空客 380 飞机的俯仰姿态保护包括正俯仰姿态保护、负俯仰姿态保护和俯仰姿态告警。正俯仰姿态限制为 30 度，在低速时逐步减小为 25 度。当俯仰姿态大于 25 度时，正俯仰保护被激活；负俯仰姿态限制为 −15 度，当俯仰姿态小于 −13 度时，负俯仰保护被激活。人工着陆低于无线电高度 400 英尺时，俯仰姿态大于 12 度即触发语音告警"PITCH PITCH"（俯仰俯仰）。飞行员持续使飞机抬头或低头，飞机速度降低到或超过安全速度时，俯仰保护触发，飞行控制系统会令飞机俯仰角指令无效，从而保证飞机不会超过最大安全俯仰角，俯仰姿态保护增强了大迎角保护。

10.6.5　载荷系数保护

空客 380 飞机自动飞行包线保护设计还考虑了载荷系数保护，防止飞机载荷系数过大而导致结构受损。一般情况下，在光洁形态下，商用飞机结构允许的最大载荷为 2.5g 至 −1g，在襟翼放出时为 2.0g 至 0g。在载荷系数的保护下，飞行员可立即并且本能地向后拉驾驶杆到底，飞机会立即以 2.5g 机动飞行。

空客 380 的纵向保护模块之间的关联如图 10-4 所示，载荷系数保护直接作用于舵面和水平安定面，无论飞机以何种俯仰角、速度和迎角飞行，这个保护都一直存在，限制载荷系数不超过极限值，进而保护飞机结构。载荷系数是由专用的加速计测量的。在紧急避障过程中，飞行员可以出于本能来拉杆并保持，飞机将先后获得"载荷系数限制"和"大迎角保护"。当大迎角保护激活时，侧杆输入是迎角指令，计算机会实时计算目标迎角，并让飞机的状态回归到这个目标迎角。

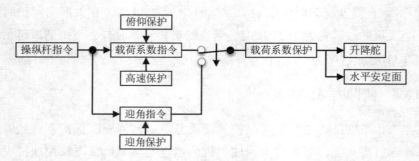

图 10-4　空客 380 的纵向保护系统模块之间关联

相对而言，空客 380 飞机包线保护分类更细，飞行员更多地承担监控和管理飞机状态的任务，而波音 787 飞机的飞行员承担的是控制飞机的任务。然而需要再次强调的是：若飞机的某些系统失效，飞机的部分保护功能将无效。

第 ⑪ 章　自动飞行相关案例分析

现代民航飞行员大多时候是和空管沟通，或者调整自动驾驶模式的参数，飞机的自动驾驶系统会完成预设航线飞行，甚至着陆。飞行员在很多时候已经不是传统意义上的控制飞行的人，而更像是一个操纵飞机自动驾驶系统的人。但是对自动驾驶的依赖性，导致飞行员没有对飞机和自动驾驶仪实施有效的监控，同样也会出事故。例如当飞行环境突然变化或飞机发生某些故障时，若自动驾驶仪仍按照正常设计条件运作，会使飞机进入危险状态。另外，自动驾驶修正能力有限，一旦达到饱和，就失去了修正能力，如果此时飞行员仍然采用自动驾驶仪飞行，将会更危险。

11.1　飞行模式设置错误

现代飞机增加了预先输入数据和预定飞行模式的工作方式。当飞行员由于疏忽，选择了不恰当的工作方式飞行时，遇上复杂情况就有可能导致事故的发生。

2018 年 1 月 11 日，由英国 Flybe 航空公司运营的庞巴迪 Dash8-Q400 型客机从北爱尔兰首府贝尔法斯特起飞，爬升至 1348 英尺高度时自动驾驶系统开始运行。当飞行高度继续上升至 1450 英尺时，飞机机身向下倾斜，15 秒内急速下降，速度达到每秒 71 英尺，飞机下降至 1300 英尺时，机长关闭自动驾驶系统，在距离地面仅 930 英尺的高度时成功拉起飞机，回到安全飞行高度。事后航空事故调查局认定，机组成员在起飞前的自动驾驶模式的目标高度默认为"0 英尺"，未进行目标高度的重新设定，之所以飞行前检查阶段没有发现错误，部分原因是飞机配载在临起飞时有变化，挤占了起飞前的检查时间。

2021 年 12 月 20 日，阿联酋航空公司（Emirates）EK231 航班波音 777-300ER 于 2 时 25 分从迪拜起飞飞往美国华盛顿。起飞前飞行员忘了设置 MCP 的起始高度 4000 英尺，而是让 MCP 高度留在 0 英尺，导致这架飞机在 75 英尺高度速度却达到了 234 节，在 175 英尺高度时速度达到 262 节，此时的飞行高度过低，只有正常值的 1/10，而飞行速度则过快，超速 20%。飞机起飞后一直处于自动驾驶状态，最后飞行员意识到错误所在并及时予以纠正。

当飞机的起落架和襟翼放出或在低空飞行时，飞机超过规定的速度，会存在潜在的破坏性事件发生，称为"超速"问题。仅从"超速"的角度来看，这架飞机应该返回迪拜接受结构检查，但该飞机并未返航，而是冒着存在结构损伤的风险，继续飞往目的地。

11.2　忽视对飞机的监控

由于自动驾驶成功地取代了许多由人来完成的工作，在某些方面甚至比人做得更好，因此某些飞行员产生了过分依赖自动驾驶的思想，忽视了对飞机状态的监控，这就导致在突发状况使飞机不稳定时飞行员在巨大的压力下没有足够的时间来思考飞行状态，不能及时做出判断，并给出正确的人为干预。

2009 年 6 月 1 日，法航 AF447 航班从里约热内卢 19 时 29 分起飞飞往巴黎，所采用的空客 A330 型客机被称为是现代历史上最安全的机型，飞机上有先进的自动驾驶设备。凌晨 2 时 10 分，地面控制台首次收到来自客机飞机通信寻址与报告系统（ACARS）自动发出的故障信息，指客机皮托管、第一飞行控制系统故障导致自动驾驶系统和自动推力系统关闭，电传操纵系统进入备用模式（杆量并不直接和舵量对应）。2 时 14 分，地面控制台收到最后一段信息，指机舱增压系统异常，而此时客机所处经纬度为 3°34′40″N 和 30°22′28″W，其后飞机与地面失去联系。

从打捞起来的黑匣子数据来看，飞机起飞四小时后，在 35 000 英尺高度稳定巡航，但前方即将进入雷暴区域。当飞机遇到雷暴区，通常是绕过去，正常情况下机组会通过爬升从上面绕过去，但此时飞机正在大西洋上空，空气稀薄，飞机满载燃油，通过爬升绕过雷暴很难。恰恰此时机长迪布瓦离开驾驶舱去小憩，并换上副驾驶罗贝尔。随后客机的空速管结冰，机上有三个皮托管，飞行管理计算机读取到不一致的空速管数据。2 时 10 分 10 秒，驾驶舱内警告声响起，持续 2.2 秒，提示自动驾驶系统断开，正常飞行法则切换为备用法则；自动油门将飞行速度从 $Ma=0.82$ 降低到 $Ma=0.8$，这是颠簸气流中推荐的飞行速度，3 秒后自动油门自动切断，并退出飞行失速保护功能，这种情况需要飞行员完全手动操控飞机。

通常发生这类事故后，飞行员面前的屏幕上会出现一系列的消息，告诉飞机当前的状况，因此需要一名飞行员手动保持飞机的航径，另一名飞行员诊断飞机出现的问题。该事件中自动驾驶仪和自动推力停止的原因就是空速管输出不正确导致的，遇到这样的情况，将飞行速度降低到颠簸气流中推荐的飞行速度，同时启动发动机的除冰系统（记录数据显示该事件中皮托管结冰持续 1 分钟），期间飞行员只要稳住飞机即可。

事故发生后，副驾驶博南操纵飞机。由于受到乱流的影响而向右侧倾，副驾驶博南左压操纵杆进行修正，后续 30 秒内飞机表现为左右滚转震荡。与此同时博南突然拉杆抬高机头（罗贝尔并不知道），飞机以峰值为 7000 英尺 / 分钟（A330 正常爬升率不超过 2000 英尺 / 分钟）的速率爬升，空速由 274 节瞬间降至 52 节，并触发了失速警告。由于博南继续拉杆，飞机爬升到最大飞行高度 38 000 英尺、迎角为 16 度时，发动机推力达到最大起飞推力，这时飞机达到最大飞行高度，开始下降，飞机迎角突然增加到 30 度，在备用法则下，迎角保护系统停止作用。2 时 11 分 37 秒罗贝尔接管控制飞机，打算向前推杆改出失速，但高度紧张的博南看到飞机下降，持续拉杆，并触发了双输入的警告。两人相反的操纵，飞机操纵叠加后为零。

2 时 11 分 43 秒，赶来的机长迪布瓦无法迅速掌握情况，只能左右扫视仪表，判断情况，当时飞机迎角已达 40 度，飞机降至 35 000 英尺，发动机几乎全转速运行，虽然空速管已经不结冰，失速警告却不响起，因为此时迎角过高，空速指示器的空速值被判定无效，飞机快速下降至 9000 英尺时候，2 时 13 分 40 秒罗伯特推杆无效，大喊"快爬升……"，博南说"我一直在拉杆啊！" 2 时 13 分 42 秒，机长如梦方醒，原来是博南在拉杆！此时机长发出重要指令，让博南降低机头，但飞机已下降至 4000 英尺，2 时 13 分 43 秒，罗伯特喊出"左座控制"，在博南放手的那一刻，罗伯特顺利地执行推杆，AF447 的机头再次放下，飞机的空速又开始回升，空速管有效，失速警告再次响起，但下降速度依旧不可遏制。当高度表显示离地高度为 2000 英尺时，刺耳的近地警告声响起。最后一刻数据显示，失速的飞机撞击海面时地速为 107 节，飞机迎角为 35 度，俯仰角为 15 度。

2011 年 7 月 29 日公布的最后调查结果认定，空难是因为机组人员缺乏足够的训练、没有遵循飞行程序指引并忽视失速警告而引起的。班机失事前最后一小时有乱流，机长离开驾驶席前往休息时，并没有把当时的状况告知接替的罗贝尔，亦没有给予任何指示。面对前方雷暴天气和自动驾驶仪的失灵，副驾驶博南选择拉升飞机，即使失速警告响起也没能改变他的操纵，使飞机长期处于失速状态。事故后法航为该类型飞机替换了不易结冰的 BA 型空速管。

11.3　人机沟通问题

现代飞机的自动驾驶系统已发展到比较完善的程度，只要飞行员输入一些指令，自动驾驶系统就能承担其几乎全部操纵任务。因此带来了飞行员与自动驾驶系统的沟通及飞行员与飞行员的沟通问题。当自动驾驶系统按照给定的输入进行工作时，发生了一些特殊情况，飞行员上手操作时可能会使情况更加复杂，甚至造成人机对抗，因此飞行员必须能完全了解并驾驭自动驾驶系统。

2013 年 7 月 6 日，韩国韩亚航空公司 214 航班波音 777-200 型客机在美国旧金山机场着陆时，失事滑出跑道，撞到防波堤，机身起火。该航班按照雷达引导执行 28L 跑道目视进近，在距离跑道头约 14 海里处截获五边航道，此时飞机高度略高于预期的 3 度下滑道；然而，机组在收到来自管制员的"保持 180 节速度到五边 5 海里"的指令后，丢失了对下降剖面的管理，进而导致飞机在五边 5 海里时远高于预期的 3 度下滑道。飞行员尝试通过增加飞机的下降率回到预期的下滑道。在此过程中，机长选择了自动驾驶的"FLCH"（高度层改变速度方式），然而飞机此时的实际高度低于高度窗里选择的高度，导致飞机由下降改为爬升，这时发动机推力增加到最大，并按照速度窗口中的速度爬升。随后,机长断开了自动驾驶仪,并把油门收到慢车位,可是油门在慢车位时自动油门模式会变为保持模式,不再控制速度。之后,机长推杆使飞机低头,增大下降率。不论是机长还是副驾驶,以及观察员都没有注意自动油门已变成保持模式,并失去对飞机速度的监控。

　　飞机继续进近,当飞机下降到距地面 500 英尺时,精密进近下滑道指示器(PAPI)三红一白(说明飞机已经低于规定的下滑道),机组向后拉驾驶盘减缓下降率,以为自动油门会将速度保持在设定的 137 节上,可实际上在自动驾驶系统关闭的情况下,处于油门保持"慢车位"的自动油门系统不会控制速度。当飞机继续下降到 200 英尺时,PAPI 灯逐渐由三红变为四红,显示飞机越来越低于下滑道高度,且飞机的空速还在继续下降。在大概 200 英尺时,飞行员已经意识到飞机的下降速度和轨迹已远低于正常,但直到飞机高度低于 100 英尺、速度减至 103 节、系统发出低速警报时,机长才把发动机设定为最大推力,并尝试复飞。黑匣子记载了客机撞前 7 秒,机组人员要求增加速度;撞前4秒,有失速预警器声音;撞前 1.5 秒,机组人员提出复飞,飞机坠毁前的指示表速为 110 节,远低于正常预定值 137 节。

　　按照韩亚航空公司的标准操作程序,飞机距离机场高度 500 英尺前必须建立稳定进近。但此时 PAPI 灯显示 214 航班低于下滑道;虽然空速在快速减小之后刚好到了正常的进近速度 137 节,但飞机的下降率大约在 1200 英尺 / 分钟,远大于正常的下降率 700 英尺 / 分钟。基于这两项指示,飞行员应该判断出不稳定进近,并按照程序执行复飞,但并没有这么做。

　　调查人员认为,机长发现着陆出现问题时没有立即放弃着陆;当客机高度过低时,机长试图拉起客机,但慢车位的自动油门并没有产生足够的推力,机长并不完全清楚自动油门如何运作,缺乏遵守标准操作程序的意识;机长选择高度层改变速度方式时没有标准喊话,导致注意力集中在设置襟翼的副驾驶完全没有注意到高度转换模式的接通。客机上的另一名飞行员坐在乘客舱发现飞机高度下降速度过快,但没有立即作出提醒。

11.4　飞行指引错误

　　自动化所能处理的是设计者预想到的情况,而飞行是非常复杂的活动,受到人、机、环境的影响，时常会出现预想不到的事情。有时自动控制系统本身没有故障，是自动驾驶系统状态异常造成了飞行事故。

2016年1月8日瑞典西部航空公司的294航班，一架庞巴迪CRJ-200喷气式货机在飞往挪威的途中，在3.3万英尺高度采用自动驾驶仪巡航，在做进近简令准备时，机长端的姿态指引指示器ADI显示飞机30度抬头，并向右滚转。问题发生5秒后自动驾驶仪断开，同时飞行指引仪出现红色箭头指示飞行员下压机头。因此机长持续推杆，接着操纵飞机向左翻滚，直到整个飞机颠倒，在故障出现80秒后，飞机以508节的速度撞上了积雪覆盖的冰原，远高于CRJ-200飞机可以承受的最高速度315节。

调查发现，事故原因是由于惯导组件的功能异常导致了主驾驶的姿态指示错误。依据飞行记录仪数据，飞机突然以6度每秒的速度俯仰（而在该高度爬升的正常俯仰速率为1度每秒），而且飞机高度持续下降，飞机的速度基本不变。飞机的俯仰角数据显示飞机大幅度抬头，而实际飞机在平飞，然后俯冲。飞机的俯仰、滚转、航向和地速数据都来自惯性导航组件，但数据存在明显的不一致。

当两个姿态指示仪数据不一致时，机组都听到了数据不匹配的警告，同时主、副显示屏幕上出现"PIT"，提醒飞行员俯仰数据不匹配。紧接着当飞机的俯仰或滚转姿态达到最大值时，激活整理模式。在整理模式下，主显示屏幕上不重要信息将会消失，也就是显示"PIT"的消息和警告也消失，因此警告只存在了4秒，机长很难意识到这个问题。不一会儿副驾驶的仪表同样进入整理模式，但显示的飞机姿态和机长侧显示的姿态完全相反。在故障出现后13秒起，飞机滚转角达到40度，触发声音警报，该警报数据和滚转角指示来自副驾驶的惯性导航，然后听到副驾驶发出的"注意滚转角，拉起"的声音，但该动作似乎不存在，机组没有任何沟通。不到30秒后飞机进入翻滚俯冲，导致飞机在重力加速度为负值的情况下俯冲，飞行员处于失重状态，无法判断飞机爬升还是下降。

两个飞行员的显示器各有一个惯性导航单元驱动，飞行记录仪的数据和机长端姿态显示都是由1号惯导提供，副驾驶的数据由2号惯导提供。由于做进近简令，机长把驾驶舱照明灯光打开，恰好此时他的仪表显示上升，驾驶舱刺眼的光，让他看不见外面地平线，只能完全依赖仪表飞行。但飞机上的仪表是有冗余备份的，当两个飞行员收到不匹配的警告，飞行员应该检查第三个备用仪表，互相沟通，确定哪个仪表有错误，并切换到正确的仪表。当仪表和身体感受完全不同的话，更不能忽视任何一方的信息，应该查清实际情况后再操纵。飞行员应该知道，飞机是有一定稳定裕度的，几乎没有任何紧急情况需要飞行员立即做出本能的操纵反应的。

最终报告指出，飞行员沟通不畅、仪表上缺少有关失效的信息、负重力对飞行员的影响是造成事故的主要原因。建议紧急情况下使用标准喊话，改进主飞行显示器的设计，在整理模式下不要移除重要的信息；另外充分理解自动飞行系统的所有行为模式和具体规则，可有效地避免此类事故发生。

11.5　自动控制系统失灵

自动驾驶仪通过大气数据机接收外部传感器的数据实现自动飞行。当接收的外部数据异常时，往往会导致自动驾驶仪断开或者给出错误的指令，这时飞行员应该做出正确的判断，顺利转换到人工操纵飞机。

2008 年 10 月 7 日，澳洲航空 72 号班机空客 A330-300 计划从新加坡飞往澳洲珀斯。在飞行高度到达 37 000 英尺时，进入了自动巡航，飞行速度 Ma=0.82。就在此时，机长注意到，1 号自动驾驶仪毫无征兆地关闭了。机长将自动驾驶切换到 2 号，可是随即飞行计算机报告了许多警告，包括失速、超速和各种系统失效。机长随即关闭了自动驾驶仪，改为手动操作。突然，飞机毫无征兆地向下俯冲。没有系安全带的机组和乘客瞬间都飞了起来。机长想努力改平飞机，但操作杆无效。当机长第二次拉杆时，飞机有了反应，并改平了飞机，乘客都掉了下来，机长意识到是主飞行计算机失灵了。这时，飞机再次向下俯冲，飞机操纵杆变得非常迟钝，机长几经努力，终于又将飞机改平。此时飞机距离目的地还有 1000 多千米，机长决定备降附近机场。

副驾驶发出了"MayDay!"求救信号，请求备降里尔蒙斯。空管立即清空空域，通知救援人员待命，为 72 号班机提供帮助。可是他们无法把数据输入飞行计算机，只能目视进近。飞行计算机显示，所有系统失效。随着高度的降低，为了避免飞机再次俯冲来不及反应，战机飞行员出身的机长决定采用战斗机下降的 S 轨迹方式进近，这场事故最终没有落到机毁人亡的结局。

事故发生的调查表明，1 号大气数据惯性参考系统（ADIRU）元件向飞行计算机提供了不正确的数据，导致自动驾驶仪自动断开。故障的根本原因是 ADIRU 的 CPU 的程式码编辑错误，把二进制的高度数据表示成迎角输出，触发迎角保护机制，令升降舵自行改变俯仰；同时系统存在程序设计缺陷，允许单个大气数据机的异常迎角数据触发飞行控制计算机，进行俯仰操纵。

为了防止飞行员的错误操纵，空客 A330 飞机具有除了起飞阶段的全自动飞行能力。飞行员通过驾驶杆输入指令，飞行控制计算机能够修正飞行员的不合适指令，并驱动操纵舵面。因此自动飞行控制系统需要接收大量传感器数据，一旦飞行控制系统的测量输入有问题，飞行控制系统也就不能给出正确控制指令了。总而言之，如果发现自动控制系统出现问题，首先要转为人工控制飞机，然后在时间和注意力允许的条件下去处理问题，千万不要失去手动控制飞机的时机。

11.6　自动油门系统故障

自动油门故障发生时，飞机通常会发生推力不对称。在爬升阶段，发动机的功率通常都比较大，接近于最大爬升推力，飞机会向油门小的发动机一侧转弯，甚至翻滚。飞行员处理自动油门问题时，不要忽略对飞机姿态的监控，飞行员可以及时断开自动油门，改为手动操纵可以避免事故发生。

2021 年发生的第一起民航空难是当地时间 1 月 9 日下午，印尼三佛齐航空公司的 SJ182 航班 B737-524 客机，离地后，飞机爬升至 13 000 英尺时突然左转，并坠海失事。最后的飞行信息显示，SJ182 在起飞大约 4 分钟后，突然在不到 1 分钟内急降约 10 000 英尺（客机在下午 2 时 40 分 08 秒至 14 秒这 6 秒钟之间下坠 1755 英尺，之后的两秒钟下坠 825 英尺，接下来的 4 秒钟再坠落 2725 英尺，并在航程的最后七秒钟内急速下降了 5150 英尺），直接坠入机场北面 20 千米的爪哇海中。

从最后的参数来看，飞机做了半个或者一个横滚，飞机倒扣的可能性很大，飞机倒扣过去之后会迅速失去高度，如果飞行员再处置错误，就会造成飞机直接垂直地面俯冲。飞行数据记录器数据显示，事故当天自动油门系统发生故障。当飞机在爬升至 1 万英尺途中，客机左发动机的油门控制杆向后移动，导致左发动机输出的动力减少，右发动机的动力则保持稳定。随后飞机向左侧倾斜超过 45 度，自动油门在几秒后被关闭。

调查人员表示，客机失事前曾有两次维修记录，2020 年 12 月 25 日报告空速指示器故障，于 2021 年 1 月 4 日更换；2021 年 1 月 3 日报告自动油门故障，于 2021 年 1 月 5 日修复。飞机上另一个重要飞行记录设备驾驶舱话音记录仪目前仍在打捞中，空难的初步报告提出，此次事故系自动油门系统故障导致推力失衡，使机体急转坠入海洋。然而因为飞行员没有及时改为手动操纵，贻误了时机，最终没有避免这场空难。

11.7　安全保护系统缺陷

自动化系统是在分析已知问题的基础上设计的，也就是它所能处理的是设计者所能考虑到的情况，一旦设计者没有考虑到的情况发生，自动化系统助手也许就变成更危险的对手。

2018 年 10 月 29 日，印尼狮航 JT610 航班波音 737MAX 客机执飞从印尼的雅加达起飞，起飞后大约 13 分钟与地面失去联系，当时客机高度大约在 5000 英尺，随后坠入距雅加达东北海岸大约 15 千米的海域。飞行数据显示，1 分 20 秒时，飞机在 25 秒内下降了 575 英尺，几分钟后又在 15 秒内骤降了 550 英尺，最后时刻又在短短 10 秒内下降了 1200 英尺；同时 JT610 航班的高度、速度和爬升率都存在明显异常。在短短的 13 分钟内，飞机虽然经历多次爬升和下降，颠簸异常，但高度反常地维持在了 5000 英尺左右。根据前几日正常条件下的飞行记录，在飞抵失联点附近时飞机的飞行高度实际上应超过 10000 英尺。

2019 年 3 月 10 日，埃塞俄比亚航空公司 ET302 航班波音 737MAX 客机于当地时间早上 8 时 38 分起飞，起飞三分钟后飞机提速至超常速度，飞行员曾经和控制塔联系，并称飞机难以操控，爬升困难，请求返回。空管人员也观察到这架新的波音 737MAX 在数百英尺的高空上下震荡，于 8 时 44 分失去联系，随后证实坠毁。

两起空难的调查结果均指向波音公司开发的机动特性增强系统（MCAS）。在襟翼收上和速度接近失速速度时，MCAS 指令安定面让飞机低头。波音 737MAX 的 MCAS 系统完全依赖单一迎角传感器作为数据来源，这和以往飞机设计当中的冗余原则不符。MCAS 系统只在襟翼收上的手动飞行时生效，并且不需要飞行员指令控制。波音将 MCAS 对飞机失速特性构成严重影响的操作权限扩大至全配平行程，切断 MCAS 与 SYMD 和 EFSM 的一切关联，改空速触发为迎角触发，由单个飞行控制计算机（Flight control computer，FCC）依据单个迎角传感器数据执行，单个迎角传感器很可能会反馈错误数据。

波音 737MAX 事件不是简单的某一个设备、某个飞行员、某个技术或管理部门的问题，它是很多因素综合导致的，发生事故只是这一系列事件的最终结果。

事故调查表明，波音内部测试已经知道飞行员需要超过 10 秒的时间才能发现是 MCAS 的问题，已经被定义为"灾难性"的问题，却没有把 MCAS 的可能存在的危险性告知飞行员。印尼狮航 610 出问题的时候，波音就基本确定，要么是迎角传感器故障，要么就是机动特性增强系统 MCAS 反应过度，飞行员和控制系统争夺飞机导致飞机坠毁。波音于 2018 年 11 月就开始更新 MCAS 软件更新手册，新的手册里说明可以把水平安定面自动配平系统关掉，并进行手动配平。当时 FAA 明知 MCAS 有问题，还是不顾停飞 737 MAX 的呼吁，开出绿灯允许此机型继续飞行，采取的应对措施是发布紧急技术通告和故障应对指南。

狮航 JT610 前一天的同飞机执飞航班中已经出现过迎角传感器的故障（本次起飞前并没有被维修）。当时飞机起飞不久就出现了俯冲，当班飞行员根据手册和安定面配平失控检查单，关闭水平安定面自动配平系统，切断了 MCAS 电源，飞机随后正常飞行。但事后该航班机长并没有把这条阻止 MCAS 的关键信息写在维修记录本里。狮航 JT610 接收到错误的迎角数据后触发了 MCAS，在飞行员努力控制飞机过程中，安定面自动配平启动有 20 多次，由于维修记录本里没有记录，新的机组面对刺耳的警告和报警声，查阅手册，找不到信息，最终飞行员和飞机控制系统对抗失败，进入俯冲而失事。

埃航 302 飞机起飞后，左边的迎角传感器 AOA 发生了损坏。飞控系统在飞行员收起襟翼后自动关闭，如前所述，按道理埃航应该知道 FAA 推荐的处理方式：关闭 MCAS 开关，并进行手动配平。MCAS 关闭后，配平马达也被关闭，巨大的气动力使人工配平变得很困难，加上飞行员由于紧张，起飞后没有按常规降低发动机功率，而是继续全速飞行，导致气动效应强，人工配平难。飞行员一边用力拉飞机，一边求救，最后还是打开了配平开关，6 分钟的飞行时间内，MCAS 重复介入 4 次，导致飞机失事。

埃航在事故发生前就已经购买了 737MAX-8 的模拟器，但是 29 岁的机长并没有在该模拟机上训练过，25 岁的副驾驶在事故发生前 3 个月才刚获得商业飞行执照，这解释了两个飞行员不合常理的不收油门和重新接回电动配平的行为。

11.8　结束语

高度自动化的飞机有效地避免了如飞机相撞、失控等传统飞机经常发生的事故。但飞行管理计算机的使用带来了新的工作方式，引入了新的人机关系和人机界面，这些新的东西与传统的工作方式和思维方式发生了矛盾和冲突，从而导致了新的问题发生。

自动化的好处显而易见，但随着自动飞行系统越来越先进，越来越复杂，飞行员在经过培训后，并不能将理论对应到各种突发的异常情况上，即使坐在驾驶舱里，也很难迅速识别飞机要干什么、为什么会这样、更不知道如何阻止。因此当飞机自动控制系统出现故障，飞行员通常会直觉地问"飞机怎么了"，这说明飞行员和自动驾驶之间存在某种隔阂。人类最快的反应是直觉，而直觉是建立在大量实操经验的基础上的。自动驾驶系统的一大弊端，就是阻断了人们获得经验的来源。人类发明的自动化系统，在提高操作的稳定性，减少人类小错误的同时，也扼杀了人类的本能，以致在重大紧急事件面前，无法做出应有的反应。

重要概念回顾

［1］自动驾驶仪飞行模式和使用条件

［2］马赫数配平系统功能和使用条件

［3］速度配平系统功能和使用条件

［4］自动油门系统功能和使用条件

［5］偏航阻尼器功能和使用条件

［6］失速保护系统功能和使用条件

［7］安全保护系统分类和操纵原理

参考文献

陈丽，段登平，2015. 大气动力 / 静力飞行器飞行原理［M］. 上海：上海交通大学出版社.

黄传勇，2005. A320 飞机电传操纵系统中的保护［J］. 中国民航飞行学院学报，16（6）：50-61.

柯劼，李中，2015. 民用飞机自动飞行包线保护研究［J］. 软件导刊，14（8）：35-37.

匡江红，王秉良，吕鸿雁，2017. 飞行力学［M］. 北京：清华大学出版社.

刘星，司海青，蔡中长，2017. 飞行原理［M］. 北京：科学出版社.

齐永强，2017. 飞行原理［M］. 大连：大连海事大学出版社.

孙瑞山，刘汉辉，1999. 自动驾驶与安全飞行［J］. 工业工程，2（2）：40-44.

向小军，2017. 飞行性能［M］. 大连：大连海事大学出版社.

王小宛，张永顺，邢万红，2005. 航线飞行工程学［M］. 北京：北京航空航天大学出版社.

杨俊，2012. 飞行原理［M］. 成都：西南交通大学出版社.

Federal Aviation Administration, Airplane Flying Handbook[R/OL].(2022-03-29)[2022-09-09]. https://www.faa.gov/regulations_policies/handbooks_manuals/aviation/airplane_handbook.

Federal Aviation Administration, Pilot's Handbook of Aeronautical Knowledge [R/OL].(2016-08-24) [2022-09-09]. https://www.faa.gov/regulations_policies/handbooks_manuals/aviation/phak.

ETKIN B, REID L D, 1995, Dynamics of Flight: Stability and Control [M]. New York: JOHN WILEY & SONS, INC.

ANDERSON J D, 1999. Aircraft Performance and Design [M]. New York: McGraw-Hill Book Company.

NELSON R C, 1989. Flight Stability and Automatic Control [M]. New York: McGraw-Hill Book Company.

Bureau d'Enquêtes et d'Analyses. Interim report on the accident on 1st June 2009 to the Airbus A330-203 registered F-GZCP operated by Air France flight AF 447 Rio de Janeiro-Paris[R/OL].(2009-06-01) [2022-09-09]. https://bea.aero/docspa/2009/f-cp090601e1.en/pdf/f-cp090601e1.en.pdf.

The House Committee on Transportation and Infrastructure, The Design, Development & Certification of the Boeing 737 MAX [R/OL]. (2020-09-15) [2022-09-09]. https://transportation.house.gov/imo/media/doc/2020.09.15%20FINAL%20737%20MAX%20Report%20for%20Public%20Release.pdf.

Swedish Accident Investigation Authority. Final report RL 2016:11e Accident in Oajevágge, Norrbotten County, Sweden on 8 January 2016 involving the aeroplane SE-DUX of the model CL-600-2B19, operated by West Atlantic Sweden AB[R/OL].(2016-12-12)[2022-09-09]. https://www.havkom.se/assets/reports/RL-2016_11e.pdf.

附录 1 纵向稳定性和操纵性仿真程序

```
close all; clc;clear;
%% B747 Ma=0.8,h=40,000ft
%% from Etkin and Reid Dynamics of Flight: Stability and Control, p165
%% trim stete(SI units)
U0=235.9;g=9.81;theta0=0;S=511;cbar=8.324;
m=2.83176e6/g;rho=0.3045;
Iyy=.449e8;
%% longitudinal state derivatives  Equation.5-15
Xu=-1.982e3;Xw=4.025e3;
Zu=-2.595e4;Zw=-9.030e4;Zq=-4.524e5;Zwd=1.909e3;
Mu=1.593e4;Mw=-1.563e5;Mq=-1.521e7;Mwd=-1.702e4;
%% control derivatives
Xdo=.3*m*g;Zdo=0;Mdo=0;
Cxde=-3.818e-6;Czde=-0.3648;Cmde=-1.444;
%% force and moment
QdS=1/2*rho*U0^2*S;
Xde=QdS*Cxde;Zde=QdS*Czde;
Mde=QdS*cbar*Cmde;
%% coefficient matrix
A=[Xu/m              Xw/m             0              -g*cos(theta0);
  [ Zu               Zw               Zq+m*U0        -m*g*sin(theta0)]/(m-Zwd);
  [Mu+Zu*Mwd/(m-Zwd) Mw+Zw*Mwd/(m-Zwd) Mq+(Zq+m*U0)*Mwd/(m-Zwd)...
   m*g*sin(theta0)*Mwd/(m-Zwd)]/Iyy;
  0                  0                1              0            ];
B=[Xde/m Xdo/m;
   Zde/(m-Zwd) Zdo/(m-Zwd);
   (Mde+Zde*Mwd/(m-Zwd))/Iyy (Mdo+Zdo*Mwd/(m-Zwd))/Iyy;
   0                      0                              ];
C=eye(4,4);
D=zeros(4,2)
%% longitudinal state model without input
sys=ss(A,zeros(size(A,1),2),C,D);
[V,ev]=eig(A);%ev:eigenvalue  V:eigenvectors
ev=diag(ev);
%% Period
T1=2*pi/imag(ev(1));
```

```
T2=2*pi/imag(ev(3));
%% initial disturbance input
[y1,t1,x1]=initial(sys,real(V(:,1)));
[y3,t3,x3]=initial(sys,real(V(:,3)));
%% Fig.6-17
figure(1)
subplot(121)
plot(t1,y1(:,1),'k-',t1,y1(:,2),'k--',t1,y1(:,4),'k:','LineWidth',2)
ylabel('Short period mode');xlabel('t/s');axis([0 15 -1 1])
legend('u','w','\theta')
subplot(122)
plot(t3,y3(:,1),'k-',t3,y3(:,2),'k--',t3,y3(:,4),'k:','LineWidth',2)
ylabel('Long period mode');xlabel('t/s');axis([0 150 -1 1])
legend('u','w','\theta')
%% de input
C=[eye(4,4);0 -1/U0 0 1]; %gama=theta-alpha
sys_de=ss(A,[1*B(:,1)/180*pi],C,zeros(5,1));
[Y,T]=step(sys_de,[0:1:400]);
[Y2,T2]=step(sys_de,[0:.1:40]);
Yfinal=-C*inv(A)*[1*B(:,1)/180*pi 0*B(:,2)/6];
Yfinal(2,:)=Yfinal(2,:)/U0 %alpha=w/U0
%%  Fig.6-19
figure;clf;orient('landscape')
LL1=1:100;LL2=1:400;
subplot(231)
plot(T(LL2),Y(LL2,1,1),'k-','LineWidth',2)
ylabel('u/m/s');xlabel('t/s')
hold on;plot([400 600],[1 1]*Yfinal(1,1),'--');
subplot(232)
plot(T(LL2),Y(LL2,3,1),'k-','LineWidth',2)
ylabel('q/rad/s');xlabel('t/s')
hold on;plot([400 600],[1 1]*Yfinal(3,1),'--');
subplot(233)
plot(T(LL2),Y(LL2,4,1),'k-','LineWidth',2)
ylabel('\theta/rad');xlabel('t/s');
hold on;plot([400 600],[1 1]*Yfinal(4,1),'--');
subplot(234)
plot(T(LL2),Y(LL2,5,1),'k-','LineWidth',2)
ylabel('\gamma/rad');xlabel('t/s')
hold on;plot([400 600],[1 1]*Yfinal(5,1),'--');
subplot(235)
plot(T(LL2),Y(LL2,2,1)/U0,'k-','LineWidth',2)
ylabel('\alpha/rad');xlabel('t/s')
hold on;plot([400 600],[1 1]*Yfinal(2,1),'--');
subplot(236)
```

```
plot(T2(LL1),Y2(LL1,2,1)/U0,'k-','LineWidth',2)
ylabel('\alpha/rad');xlabel('t/s')
%% Throttle input
sys_sT=ss(A,[B(:,2)/6],C,zeros(5,1));
[Yt,Tt]=step(sys_sT,[0:1:400]);
[Yt2,Tt2]=step(sys_sT,[0:.1:40]);
Yfinal=-C*inv(A)*[0*B(:,1)/180*pi 1*B(:,2)/6];
Yfinal(2,:)=Yfinal(2,:)/U0 % alpha=w/U0
%% Fig.6-20
figure;clf;orient('landscape')
LL1=1:100;LL2=1:400;
subplot(231)
plot(Tt(LL2),Yt(LL2,1,1),'k','LineWidth',2)
ylabel('u/m/s');xlabel('t/s');hold on;
plot([400 600],[1 1]*Yfinal(1,2),'--');
subplot(232)
plot(Tt(LL2),Yt(LL2,3,1),'k','LineWidth',2)
ylabel('q/rad/s');xlabel('t/s');hold on;
plot([400 600],[1 1]*Yfinal(3,2),'--');
subplot(233)
plot(Tt(LL2),Yt(LL2,4,1),'k','LineWidth',2)
ylabel('\theta/rad');xlabel('t/s');hold on;
plot([400 600],[1 1]*Yfinal(4,2),'--');
subplot(234)
plot(Tt(LL2),Yt(LL2,5,1),'k','LineWidth',2)
ylabel('\gamma/rad');xlabel('t/s')
hold on;plot([400 600],[1 1]*Yfinal(5,2),'--');
subplot(235)
plot(Tt(LL2),Yt(LL2,2,1)/U0,'k','LineWidth',2)
ylabel('\alpha/rad');xlabel('t/s')
hold on;plot([400 600],[1 1]*Yfinal(2,2),'--');
subplot(236)
plot(Tt2(LL1),Yt2(LL1,1,1),'k','LineWidth',2)
ylabel('u/m/s');xlabel('t/s')
```

附录 2　横侧向稳定性和操纵性仿真程序

```
close all;clc;clear;
%% B747 Ma=0.8,h=40000ft
%% from Etkin and Reid Dynamics of Flight: Stability and Control, p165
%% trim state (SI units)
U0=235.9;g=9.81;theta0=0;S=511;cbar=8.324;b=59.64;
m=2.83176e6/g;rho=0.3045;
Iyy=.449e8;Ixx=.247e8;Izz=.673e8;Ixz=-.212e7;
%% lateral state derivatives Equation.5-16
Yv=-1.61e4;Yp=0;Yr=0;
Lv=-3.062e5;Lp=-1.076e7;Lr=9.925e6;
Nv=2.131e5;Np=-1.33e6;Nr=-8.934e6;
%% control derivatives
Cyda=0;Cydr=.1146;
Clda=-1.368e-2;Cldr=6.976e-3;
Cnda=-1.973e-4;Cndr=-.1257;
%% force and moment
QdS=1/2*rho*U0^2*S;
Yda=QdS*Cyda;Ydr=QdS*Cydr;Lda=QdS*b*Clda;Ldr=QdS*b*Cldr;
Nda=QdS*b*Cnda;Ndr=QdS*b*Cndr;
Ixxp=(Ixx*Izz-Ixz^2)/Izz;
Izzp=(Ixx*Izz-Ixz^2)/Ixx;
Ixzp=Ixz/(Ixx*Izz-Ixz^2);
%% coefficient matrix
A=[Yv/m               Yp/m             (Yr/m-U0) g*cos(theta0) 0;
   (Lv/Ixxp + Ixzp*Nv) (Lp/Ixxp + Ixzp*Np) (Lr/Ixxp + Ixzp*Nr) 0   0;
   (Ixzp*Lv + Nv/Izzp) (Ixzp*Lp + Np/Izzp) (Ixzp*Lr + Nr/Izzp) 0   0;
   0                 1                         tan(theta0) 0   0;
   0                 0                         1               0   0];
B=[1/m 0 0;0 1/Ixxp Ixzp;0 Ixzp 1/Izzp;0 0 0;0 0 0]*[Yda Ydr;Lda Ldr;Nda Ndr];
C=eye(5);
D=zeros(5,2);
%% lateral stete model without input
sys=ss(A,zeros(size(A,1),2),C,D);
[V,ev]=eig(A);%ev:eigenvalue  V:eigenvectors
ev=diag(ev);
%% Dutch period
```

```
Tdutch=2*pi/imag(ev(4));
%% initial disturbance input
[y2,t2,x2]=initial(sys,real(V(:,2)));%roll
[y3,t3,x3]=initial(sys,real(V(:,3)));%spiral
[y4,t4,x4]=initial(sys,real(V(:,4)));%dutch
%% Fig.7-16
figure
subplot(311)
plot(t2,y2(:,1),'k-',t2,y2(:,4),'k-.',t2,y2(:,5),'k:','LineWidth',2)
ylabel('roll');xlabel('t/s');
legend('\beta','\phi','\psi')
subplot(312)
plot(t3,y3(:,1),'k-',t3,y3(:,4),'k-.',t3,y3(:,5),'k:','LineWidth',2)
ylabel('spiral');xlabel('t/s');
legend('\beta','\phi','\psi')
subplot(313)
plot(t4,y4(:,1),'k-',t4,y4(:,4),'k-.',t4,y4(:,5),'k:','LineWidth',2)
ylabel('dutch');xlabel('t/s');
legend('\beta','\phi','\psi')
%% state model with input
sys_da=ss(A,[B(:,1)/180*pi],diag([1/U0 1 1 1 1]),zeros(5,1));%beta=v/U0
sys_dr=ss(A,[B(:,2)/180*pi],diag([1/U0 1 1 1 1]),zeros(5,1));%beta=v/U0
%% lateral input
TT=[0:.05:1000]';%simulation time
ii=find(TT <= 2);
Uda=0*TT;Uda(ii)=1*ones(size(ii)); %impulse input
[Ya2,Ta2]=lsim(sys_da,Uda,TT'); %da input
Udr=Uda;
[Yr2,Tr2]=lsim(sys_dr,Udr,TT');% dr input
%%  Fig.7-19
figure(8);
subplot(321)
plot(TT,Uda,'k-','LineWidth',2);
ylabel('\delta_a/^o');xlabel('t/s')
title('Aileron 1 deg impulse-2sec on then off')
subplot(322)
plot(Ta2,Ya2(:,1),'k-','LineWidth',2);
ylabel('\beta/rad');xlabel('t/s')
subplot(323)
plot(Ta2,Ya2(:,2),'k-','LineWidth',2);
ylabel('p/rad/sec');xlabel('t/s')
legend('\delta_a>0=>right wing up')
subplot(324)
plot(Ta2,Ya2(:,3),'k-','LineWidth',2);
ylabel('r/rad/sec');xlabel('t/s')
```

```
legend('adverse yaw')
subplot(325)
plot(Ta2,Ya2(:,4),'k-','LineWidth',2);
ylabel('\phi/rad');xlabel('t/s')
subplot(326)
plot(Ta2,Ya2(:,5),'k-','LineWidth',2);
ylabel('\psi/rad');xlabel('t/s')
%%  Fig.7-20
figure(7);
subplot(321)
plot(TT,Udr,'k-','LineWidth',2);
ylabel('\delta_r/^o');xlabel('t/s')
title('Rudder 1 deg impulse-2sec on then off')
subplot(322)
plot(Tr2,Yr2(:,1),'k-','LineWidth',2);grid
ylabel('\beta/rad');xlabel('t/s')
subplot(323)
plot(Tr2,Yr2(:,2),'k-','LineWidth',2);grid
ylabel('p/rad/s');xlabel('t/s')
legend('adverse roll')
subplot(324)
plot(Tr2,Yr2(:,3),'k-','LineWidth',2);grid
ylabel('r/rad/s');xlabel('t/s')
subplot(325)
plot(Tr2,Yr2(:,4),'k-','LineWidth',2);grid
ylabel('\phi/rad');xlabel('t/s')
subplot(326)
plot(Tr2,Yr2(:,5),'k-','LineWidth',2);grid
ylabel('\psi/rad');xlabel('t/s')
```